Python
数据科学基础

Foundational Python for Data Science

[美] 肯尼迪·贝尔曼（Kennedy Behrman）著

张云翼 译

人民邮电出版社

北京

图书在版编目（CIP）数据

Python数据科学基础 /（美）肯尼迪·贝尔曼
(Kennedy Behrman) 著；张云翼译. -- 北京 ：人民邮
电出版社，2024.1
ISBN 978-7-115-60926-7

Ⅰ. ①P… Ⅱ. ①肯… ②张… Ⅲ. ①软件工具—程序
设计 Ⅳ. ①TP311.561

中国国家版本馆CIP数据核字(2023)第012685号

版 权 声 明

◆ 著　　　[美] 肯尼迪·贝尔曼（Kennedy Behrman）

译　　　张云翼

责任编辑　郭泳泽

责任印制　王 郁　焦志炜

◆ 人民邮电出版社出版发行　　北京市丰台区成寿寺路 11 号

邮编　100164　电子邮件　315@ptpress.com.cn

网址　https://www.ptpress.com.cn

大厂回族自治县聚鑫印刷有限责任公司印刷

◆ 开本：800×1000　1/16

印张：13.25　　　　　　　　2024 年 1 月第 1 版

字数：267 千字　　　　　　　2024 年 1 月河北第 1 次印刷

著作权合同登记号　图字：01-2021-7609 号

定价：69.80 元

读者服务热线：(010)81055410　印装质量热线：(010)81055316

反盗版热线：(010)81055315

广告经营许可证：京东市监广登字 20170147 号

内容提要

　　本书首先介绍Python和Jupyter笔记本的基础知识，然后逐一介绍丰富的、与数据科学相关的Python库，并举例说明如何在实际工作中运用Python。本书将Python和数据科学融合起来，帮助读者快速入门Python并使用Python完成数据分析相关任务，是实用的快速上手教程。书中代码使用与Jupyter笔记本兼容的Colab创建，方便读者配置和使用。

　　本书适合希望在工作中使用Python的读者阅读，也适合想要利用数据科学原理完成各类项目的读者参考。

本书献给Tatiana、Itta和Maple。

前言

Python语言已经问世很久，并且应用广泛。1989年，吉多·范罗苏姆就开始着手它最初的应用，将其作为一项能代替Bash脚本和C程序的系统管理工具。自1991年公开发布以来，它已被广泛应用于各行各业，包括Web开发、电影业、政府、科研、商业等。

我最早是在电影业的工作中接触Python的，用它来执行跨部门和跨地区的自动化数据管理。在过去10年里，Python已成为了数据科学的主导工具。

奠定这样的主导地位归功于两个方面的发展：Jupyter笔记本和强大的第三方库。2001年，费尔南多·佩雷斯受Maple与Mathematica笔记本的启发，开始实现一个交互式Python环境：IPython。2014年，该项目中与笔记本相关的功能被独立出来，成为了Jupyter项目。这些笔记本很适合科学和统计学工作环境。与此同时，大量用于科学和统计学计算的第三方Python库出现了。如此丰富的应用极大地提高了Python程序员的能动性。不管是打开Web socket连接还是处理自然语言文本，都有专门的包提供全面的功能，足以满足开发者的需要。

本项目的创意来自诺厄·吉夫特。他在教学工作中发现，数据科学专业的学生缺乏与数据科学相关的Python学习资源。市面上有很多通用的Python书籍和数据科学书籍，但均不适合作为数据科学入门的教材，而本书正好填补了这一空缺。本书不讲授搭建Web页面或执行系统管理所需要的Python知识，也不打算教授过多数据科学的拓展知识，而只讲解学习数据科学必需的Python知识。

衷心希望本书成为陪伴你学习的好伙伴。

示例代码

你可以在GitHub网站的kbehrman/foundational-python-for-data-science库中找到本书大部分示例代码。

致谢

本书的灵感最早来自诺厄·吉夫特。他敏锐地发现需要一份专门针对数据科学学生的Python指南。非常感谢诺厄。同样要感谢科林·厄尔德曼，作为一名技术编辑，他对细节的注重很值得赞赏，也是不可或缺的。我还要感谢Pearson团队，感谢马洛比卡·查克拉博蒂在整个流程中给我的指导，感谢马克·伦弗罗加入这个项目并且帮助我完成它，还要感谢劳拉·卢因让项目顺利运转起来。

作者简介

　　肯尼迪·贝尔曼是一位经验丰富的软件工程师。他最初使用Python管理影视特效方面的数字资产，后来更广泛地应用Python。他撰写了许多关于Python教育的书籍，还发起了很多相关培训项目。目前他是Envestnet的高级数据工程师。

资源与支持

资源获取

本书提供如下资源：

- 配套代码；
- 本书思维导图；
- 异步社区 7 天 VIP 会员；

要获得以上资源，扫描下方二维码，根据指引领取。

提交勘误

作者和编辑尽最大努力来确保书中内容的准确性，但难免会存在疏漏。欢迎您将发现的问题反馈给我们，帮助我们提升图书的质量。

当您发现错误时，请登录异步社区（www.epubit.com），按书名搜索，进入本书页面，点击"发表勘误"，输入勘误信息，点击"提交勘误"按钮即可（见下页图）。本书的作者和编辑会对您提交的勘误进行审核，确认并接受后，您将获赠异步社区的 100 积分。积分可用于在异步社区兑换优惠券、样书或奖品。

与我们联系

我们的联系邮箱是 contact@epubit.com.cn。

如果您对本书有任何疑问或建议，请您发邮件给我们，并请在邮件标题中注明本书书名，以便我们更高效地做出反馈。

如果您有兴趣出版图书、录制教学视频，或者参与图书翻译、技术审校等工作，可以发邮件给我们。

如果您所在的学校、培训机构或企业，想批量购买本书或异步社区出版的其他图书，也可以发邮件给我们。

如果您在网上发现有针对异步社区出品图书的各种形式的盗版行为，包括对图书全部或部分内容的非授权传播，请您将怀疑有侵权行为的链接发邮件给我们。您的这一举动是对作者权益的保护，也是我们持续为您提供有价值的内容的动力之源。

关于异步社区和异步图书

"异步社区"是由人民邮电出版社创办的 IT 专业图书社区，于 2015 年 8 月上线运营，致力于优质内容的出版和分享，为读者提供高品质的学习内容，为作译者提供专业的出版服务，实现作者与读者在线交流互动，以及传统出版与数字出版的融合发展。

"异步图书"是异步社区策划出版的精品 IT 图书的品牌，依托于人民邮电出版社在计算机图书领域 30 余年的发展与积淀。异步图书面向 IT 行业以及各行业使用 IT 技术的用户。

目　　录

第 II 部分　数据科学库

第 I 部分

在笔记本环境中学习Python

第1章

笔记本简介

本章介绍Google Colab的Jupyter笔记本（notebook）环境，这是初学者开始科学的Python开发的好方法，本章首先介绍运行Python代码的传统方法。

1.1 运行Python语句

过去，要运行Python程序，既可以在交互式shell中调用，也可以把文本文件传递给解释器。如果系统安装了Python，则可以在命令行中输入python以打开Python内置的交互式shell：

```
python
Python 3.9.1 (default, Mar 7 2021, 09:53:19)
[Clang 12.0.0 (clang-1200.0.32.29)] on darwin
Type "help", "copyright", "credits" or "license" for more information.
```

> **注意**
> 本书中的代码用粗体文本表示输入内容（即键入的代码），用非粗体文本表示输出结果。

接着输入Python语句，然后按Enter键运行：

```
print("Hello")
Hello
```

如上所示，每条语句的结果都会直接显示在输入语句行之后。

将Python命令保存在.py扩展名的文本文件中，就可以在命令行中输入python及文件名来运行该文件。假设文件名为hello.py，文件中包含print("Hello")语句，可以按照如下所示的方式调用该文件，下一行将显示输出结果：

```
python hello py
Hello
```

对于传统的Python软件项目来说，交互式shell适合用来调试语法或者编写简单的实验代码。而真正的程序开发和软件编写都采用文件形式的代码，这些文件可以分发到任何运行代码的环境中。对于科学计算来说，这些方案都不理想。科学家们既想要交互式地操作数据，又希望能用文档来持久保存并分享代码，于是就出现了笔记本形式的开发来弥补其中的不足。

1.2　Jupyter笔记本

IPython项目就像一版功能更丰富的Python交互式shell，而Jupyter项目就起源于IPython。Jupyter笔记本结合了Python shell的交互性以及文档格式的可持久性。一份笔记本就是一份可执行文档，其中包含可执行的代码和格式化文本。笔记本由单元（cell）组成，单元包含代码或者文本。代码单元执行后，输出内容会直接显示在单元下方。单元执行产生的状态变化会共享给之后将要执行的单元。

这意味着可以用一个个单元来构建代码，而不需要在修改后重新运行整个文档。这个特性在对数据进行探索和实验时很有帮助。

Jupyter笔记本已广泛应用于数据科学工作。人们可以在自己的计算机本地运行笔记本，也可以使用AWS、Kaggle、Databricks和Google提供的托管服务。

1.3　Google Colab

Colab（Colaboratory的缩写）是Google的笔记本托管服务。用Colab可以很方便地上手Python，因为不需要烦琐的安装过程，也不用处理库依赖和环境管理。本书所有示例都使用了Colab笔记本。要使用Colab，需要登录Google账号并访问Google Colab网站（见图1.1），在界面上可以新建笔记本或者打开现有的笔记本。现有笔记本包括Google提供的示例、之前创建或者复制到Google Drive上的笔记本。

选择新建笔记本，会打开一个新的浏览器标签页。新建的第一个笔记本的默认标题是Untitled0.ipynb。若要重命名该笔记本，只需要双击标题并输入新的名称（见图1.2）。

Colab会把笔记本自动保存在Google Drive上，访问Google Drive官方网站就可以找到它们。默认存储位置是Colab Notebooks目录（见图1.3）。

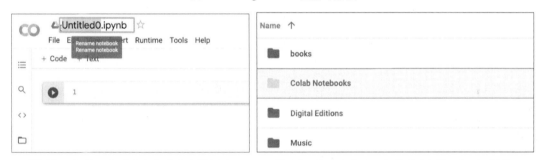

图 1.1　Google Colab 初始对话框

图 1.2　在 Google Colab 中重命名笔记本　　图 1.3　Google Drive 上的 Colab Notebooks 目录

1.3.1　Colab文本单元

新建的Google Colab笔记本包含一个代码单元。单元的类型可以是文本或代码。可以单击笔记本界面左上角的+Code或者+Text按钮添加新单元。

Colab文本单元使用Markdown语言格式（想了解Markdown的更多信息，可参阅相关技术文档），双击单元即可编辑。Markdown代码在左，预览效果在右（见图1.4）。

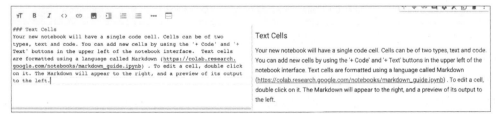

图 1.4　在 Google Colab 笔记本中编辑文本单元

如图1.5所示，可以将笔记本中的文本改为粗体、斜体、删除线格式或者等宽字体。

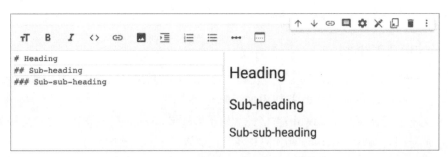

图 1.5   在 Google Colab 笔记本中格式化文本

如图1.6所示，可以在项目之前输入数字编号以创建有序列表，或输入*号以创建无序列表。

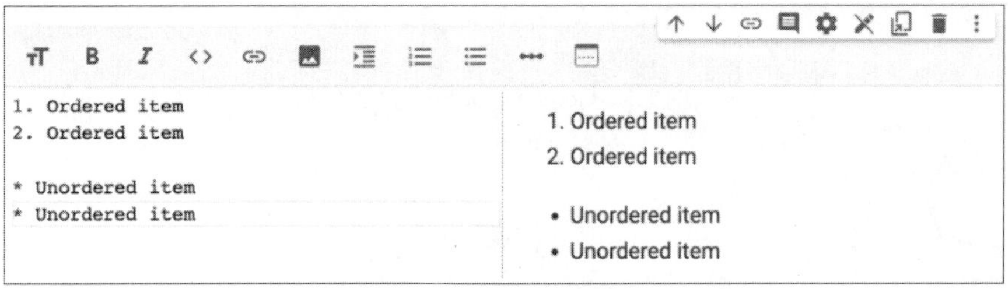

图 1.6   在 Google Colab 笔记本中创建列表

如图1.7所示，可以在文本前输入#符号创建标题。一个#号创建一级标题，两个#号创建二级标题，以此类推。

图 1.7   在 Google Colab 笔记本中创建标题

位于单元顶部的标题决定了该单元在文档中的层级。若要在目录中查看层级，可以单击笔记本界面左上角的菜单图标，如图1.8所示。

可以在目录上单击显示的标题跳转到文档的相应位置。含有子单元的标题单元会在标题文本旁边显示三角形标记，单击这个三角形可以隐藏或显示子单元（见图1.9）。

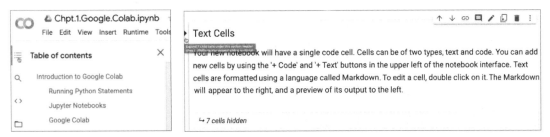

图 1.8　Google Colab 笔记本的目录　　　　图 1.9　隐藏 Google Colab 笔记本的单元

1.3.2　LaTeX

LaTeX是为写作技术文档而设计的，擅长展示数学文本。LaTeX是基于代码的使用方式，让使用者能够专注内容，而不需要操心布局。用"$"符号包围LaTeX代码，就可以把它插入Colab笔记本的文本单元。图1.10中的示例展示了如何在Colab笔记本文本单元嵌入LaTeX内容。

$\begin{equation*}$
$\left.\begin{aligned}$
B'&=-\partial\times E,\\
E'&=\partial\times B - 4\pi j,
\end{aligned}$
$\right\}$
$\qquad \text{Maxwell's equations}$
$\end{equation*}$

$$\left.\begin{aligned} B' &= -\partial \times E, \\ E' &= \partial \times B - 4\pi j, \end{aligned}\right\}$$
Maxwell's equations

图 1.10　Google Colab 笔记本嵌入 LaTeX 内容

1.3.3　Colab代码单元

在Google Colab笔记本中，要使用代码单元编写和执行Python代码。执行Python语句时，要把它输入代码单元中，然后单击单元左侧的Play（运行）按钮或者按Shift+Enter键。按Shift+Enter键会切换到下一个单元，如果没有后续单元，则会创建新的单元。执行代码的所有输出均会显示在单元下方，如下所示：

```
print("Hello")
hello
```

本书的后续章节只使用Colab笔记本的代码单元。

1.3.4　Colab文件

要在Colab中查看已有的文件和文件夹，可单击界面左侧的文件夹图标（见图1.11）。默认情况下，可以查看Google提供的sample_data文件夹。

也可以单击上传图标，为当前会话上传文件（见图1.12）。

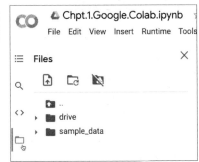

图 1.11　查看 Google Colab 中的文件

上传的文件只能用于文档的当前会话。当下次打开同一文档时，需要重新上传文件。Colab中所有可用文件的根路径都是/content/，因此如果上传一个名为heights.over.time.csv的文件，那么它的路径就是/content/heights.over.time.csv。

单击挂载网盘图标，可以挂载Google Drive网盘（见图1.13）。网盘内容的根路径是/content/drive。

图 1.12　在 Google Colab 中上传文件

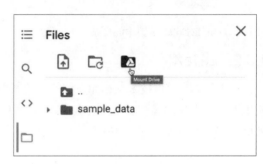

图 1.13　挂载 Google Drive 网盘

1.3.5　管理Colab文档

笔记本将默认保存在Google Drive上。在File（文件）菜单中可以看到其他保存笔记本的选项。可以把它们保存为Github的gist片段或跟踪文件，也可以下载为Jupyter笔记本格式（扩展名为.ipynbk）或Python文件（扩展名为.py），还可以单击笔记本界面右上方的分享图标分享笔记本。

1.3.6　Colab代码片段

单击Colab左侧导航栏的代码片段图标，可以搜索和选择代码片段（见图1.14），或插入选中的片段。使用代码片段很适合学习Colab的实际用例，包括创建交互式表单，下载数据，以及使用各种可视化选项。

1.3.7　现有资料集

可以用Google Colab笔记本解释或展示技术、概念和工作流。网络上可以找到许多共享的数据科学工作的笔记本集合。Kaggle和Google Seedbank上都有大量共享的笔记本。

1.3.8　系统别名

在命令前面加上感叹号，就可以在Colab笔记本代码单元中执行shell命令。例如，用下列代码打印工作目录：

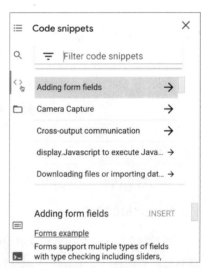

图 1.14　使用 Google Colab 的代码片段

```
!pwd
/content
```

可以把shell命令的输出保存到Python变量中，以便在随后的代码里使用，如下所示：

```
var = !ls sample_data
print(var)
```

> **注意**
> 暂时先别担心变量，第2章会讲解它们。

1.3.9　魔法函数

魔法函数是用来改变代码单元执行方式的函数。例如，可以用如下的魔法函数%timeit()为Python语句计时：

```
import time
%timeit(time.sleep(1))
```

再看另一个示例，可使用魔法函数%%html让单元执行HTML代码：

```
%%html
<marquee style='width: 30%; color: blue;'><b>Whee!</b></marquee>
```

> **注意**
> 可以在Jupyter文档的Cell Magics示例笔记本部分找到更多有关魔法函数的信息。

1.4　本章小结

Jupyter笔记本是结合格式化文本与可执行代码的文档。它已经成为科学工作中非常流行的格式，在网上能找到许多现成的示例。Google Colab提供了可托管的笔记本，以及许多数据科学要用到的流行库。笔记本由文本单元和代码单元组成，前者采用Markdown格式，后者可以执行Python代码。后续章节会展示更多的Colab笔记本示例。

1.5　问题

1．Google Colab托管的是哪种笔记本？
2．Google Colab有哪些单元类型？
3．如何在Colab上挂载Google Drive？
4．Google Colab的代码单元运行哪种语言？

第2章

Python基础

本章介绍一些用于创建Python程序的组件，并引入了一些基础的内置数据类型（如整数和字符串）和简单的语句，以指导计算机的行为。本章涵盖了变量赋值语句和确保代码按预期计算的语句，并讨论了如何导入模块以在代码中扩展可用的功能。到本章结束时，你会掌握足够的知识来编写程序对存储的数值执行简单的数学运算。

2.1 Python的基本类型

生物学家发现，对生物进行从域、界到属、种的等级划分大有用处。越低等级的同类生物有着越相似的生命形式。数据科学也存在相似的等级。

解析器（parser）程序把代码作为输入，并将其翻译成计算机指令。Python解析器把代码拆解成标记（token），这些标记对于Python语言有特殊含义。正如生物学家为自然界生物分类那样，标记共有的行为和属性对分组也大有帮助。Python中的这些分组被称为集合（collection）与类型（type）。语言自身内置了一些类型，在语言核心之外还有一些开发者定义的类型。采用更高等级的方式划分，Python文档中定义的主要内置类型有数字、序列（第3章）、映射（第4章）、类（第14章）、实例（第14章）以及异常；而采用更低等级的方式划分，Python最基本的内置类型列举如下：

❏ 数字，包含布尔值，整数，浮点数与虚数。

❏ 序列，包含字符串与二进制字符串。

简言之，整数（int，又称整型）在代码中的形式就是普通的数字。浮点数（float，又称浮点型）的代码形式是用小数点分隔的一串数字。可以使用type函数查看整数或浮点数的类型：

```
type(13)
int
type(4.1)
float
```

如果希望某个数为浮点数，就一定要写上小数点，并且小数点右侧至少要有一位数字，即使这位数字是零：

```
type(1.0)
float
```

布尔值用True或False这两个常量表示，两者的类型都是bool，这种类型实际是int的一种特殊形式：

```
type(True)
bool
type(False)
bool
```

字符串是用引号包围的一串字符，可以用字符串表示多种不同用途的各类文本，例如：

```
type("Hello")
str
```

> **注意**
> 第4章中讲解更多有关字符串和二进制字符串的内容。

NoneType是一个特殊类型，只有唯一值None，表示没有值。

```
type(None)
NoneType
```

2.1.1 高级语言与低级语言

软件开发的本质就是向计算机传达指令。其中的奥妙在于把操作从人类易懂的形式翻译成计算机能理解的指令。如今的编程语言多种多样，有的贴近计算机理解逻辑的方式，有的像极了人类语言。类似计算机指令的语言称为低级语言，机器码和汇编语言就是低级语言的代表。用这些语言可以对计算机处理器的行为实现终极控制，但用它们写代码却非常乏味、耗时。

高级语言把指令集合抽象成更大的功能块。这个范围内的不同语言都有独特的优势。举例来说，C语言就是高级语言中较为低级的一种，它支持程序员直接管理程序的内存使用，也能写出嵌入式系统所需的高度优化软件。Python与之相反，是高级语言中较为高级的。它不支持程序员直接声明保存数据占用多少内存，也不能在程序结束时手动释放刚刚占用的内存。Python的语法更贴近于人类语言逻辑，一般来说比低级语言更容易理解和使用。把操作从人类语言翻译成Python的过程通常又快又直观。

2.1.2　语句

Python程序由语句组成。每条语句都可以被看成计算机执行的一个操作。如果把软件程序当作一本烹饪书里的菜谱，那么语句就是单条指令，例如"把蛋清搅成白色"或者"烘烤15分钟"。

简言之，Python语句是一行代码，行尾表示语句的结束。一条简单的语句可以只调用一个函数，就像如下的语句：

```
print("hello")
```

语句也可以更复杂。下列语句先判断条件，再根据判断结果为变量赋值：

```
x,y = 5,6
bar = x**2 if (x < y) and (y or z) else x//2
```

Python既支持简单的语句，也支持复杂的语句。简单的Python语句包括表达式、assert、赋值、pass、删除、return、yield、raise、break、continue、import、future、global和nonlocal等。本章介绍这些简单语句中的一部分，后续章节介绍剩下的大部分语句。第5章和第6章介绍复杂语句。

多重语句

尽管单条语句足够定义一个程序，但大多有用的程序都是由多重语句组成的。语句的结果可以被后续语句所用，通过组合操作来构建功能。例如，可以用下列语句把整数相除的结果赋值给一个变量，再使用这个结果为另一个变量计算值，然后在第3条语句中把这2个变量都作为print语句的输入：

```
x = 23//3
y = x**2
print(f"x is {x}, y is {y}")
x is 7, y is 49
```

表达式语句

Python表达式就是一段计算值（可以是None）的代码。这个值可以是数学表达式，也可以是对函数或方法的调用。表达式语句只有表达式，不捕获输出结果以供后续使用。表达式语句通常用在IPython shell这样的交互式环境中。在这类环境中，表达式的结果会在执行后显示给用户。也就是说，在使用shell时，要想知道某个函数的返回或者12344除以12等于什么，不需要编写显示结果的代码就可以显示。还可以用表达式语句查看变量的值或者只是把某个类型的值打印出来。以下展示了一些简单的表达式语句以及对应的输出：

```
23 * 42
966
```

```
"Hello"
'Hello'
```

```
import os
os.getcwd()
'/content'
```

本书使用大量的表达式语句演示Python的功能，在这些示例中，第一行是表达式，下一行则为结果。

assert语句

assert语句将表达式作为参数，并确保结果求值为True。返回False、None、0、空容器和空字符的表达式的值为False，其余值均为True（第3章与第4章会提到容器）。当表达式的值为False时，assert语句会抛出错误：

```
assert(False)
--------------------------------------------------------
AssertionError                Traceback (most recent call last)
<ipython-input-5-8808c4021c9c> in <module>()
----> 1 assert(False)
```

否则，assert语句将调用表达式并接着执行下一条语句：

```
assert(True)
```

可以在调试时使用assert语句来确保假设为真的条件确实符合实情。由于assert语句对性能有很大影响，因此如果在开发过程中大量使用了这些语句，则应该在生产环境中运行代码时禁用它们。如果在命令行中运行代码，就可以添加优化标记-o来禁用它们：

```
python -o my_script.py
```

赋值语句

变量是一个指向某些数据的名称。理解以下内容很重要：在赋值语句中，变量指向的数据并非数据本身。同一个变量可以指向不同数据，哪怕数据的类型不同也可以。此外，可以在不改变变量的情况下改变它指向的数据。正如本章之前的示例提到的那样，赋值操作符（单个等号）用来给变量赋值。变量名在操作符的左侧，值在右侧。下例展示了如何把值12和文本'Hello'分别赋值给变量x和y：

```
x = 12
y = 'Hello'
```

当变量赋值完毕后，就可以使用变量名来代替值本身了。因此，可以用变量x进行数学运算，或者用变量y构造一段更长的文本：

```
answer = x - 3
print(f"{y} Jeff, the answer is {answer}")
Hello Jeff, the answer is 9
```

可以看到，x和y的值被用在了变量插入的地方。利用逗号分隔变量名与值可以同时为多个变量赋值：

```
x, y, z = 1,'a',3.0
```

在上述示例中，x被赋值为1，y被赋值为'a'，z被赋值为3.0。

最好是能为变量起一个有含义的名字，以助于解释其用途。用x表示图表x坐标轴上的值没问题，但用x保存客户的名字就会令人困惑。用first_name作为客户名字的变量名则更加清晰明了。

pass语句

pass语句是空语句占位符，它们本身不执行任何操作，但如果代码需要一条语句才能在语法上成立，那么pass语句就派上用场了。pass语句只由关键词pass组成，通常用于在布局代码设计时为函数和类占位（即想好了名字，但功能尚无）。第6章会提到更多与函数相关的知识，第14章会讲解类的知识。

删除语句

删除语句可从运行的程序中删掉一些内容。它由关键词del及括号标注的要删除的项组成。一旦某项被删除，就不能再引用了，除非重新定义。下例为变量赋值后将其删除：

```
polly = 'parrot'
del(polly)
print(polly)
----------------------------------------------------------
NameError                       Traceback (most recent call last)
<ipython-input-6-c0525896ade9> in <module>()
      1 polly = 'parrot'
      2 del(polly)
----> 3 print(polly)
NameError: name 'polly' is not defined
```

示例中尝试用print函数访问变量，程序报错。

> **注意**
> Python有自己的垃圾回收系统。通常，用户不需要删除对象来释放内存，但总有想自行删掉它们的时候。

return语句

return语句定义函数的返回值。第6章讲解如何编辑函数、如何使用return语句。

yield语句

yield语句用于编写生成器函数，这种函数是性能与内存使用优化的利器。第13章介绍生成器。

raise语句

本章前面的一些示例展示了导致错误的代码。这种出现在程序运行过程的错误（与之相反的是让程序无法运行的语法错误）称作异常。如果不处理异常，则会干扰程序的正常执行，导致程序退出。raise语句既可以用来重新调用已经捕获的异常，也可以用来引发内置异常或专门为程序设计的异常。Python有许多内置异常，覆盖了多种使用场景。可以用raise语句调用内置异常，语句由raise关键词后跟异常组成。举例来说，类层次结构中使用的NotImplementedError错误用来告诉子类需要实现一个方法（参见第14章）。下例用raise语句来引发这个错误：

```
raise NotImplementedError
-----------------------------------------------------------
NotImplementedError            Traceback (most recent call last)
<ipython-input-1-91639a24e592> in <module>()
----> 1 raise NotImplementedError
```

break语句

break语句用于在正常循环条件满足之前终止循环，第5章介绍循环和break语句。

continue语句

continue语句用于跳过循环的单次迭代，该语句也会在第5章进一步介绍。

import语句

编写软件最强大的功能之一就是在不同上下文环境中复用代码。Python代码可以保存在.py扩展名的文件中。如果这些文件是为重复使用而设计的，则被称作模块。运行Python时，不论是交互式会话还是独立程序，用到的都是语言核心功能，也就是说可以直接使用它们，而不需要额外的设置。Python预装了这些核心功能，这就是Python标准库。该库提供了一系列可供Python会话扩展功能的模块。要想在代码中访问这些模块，就要用到import语句，它由关键词import和要导入的模块名组成。下例展示了怎样导入用来和操作系统交互的os模块：

```
import os
```

导入os模块后，就可以像内置模块一样使用它的功能。os模块拥有一个listdir函数，用于列出当前目录的内容：

```
os.listdir()
['.config', 'sample_data']
```

广泛分发的模块和模块集合称作包（package）。Python最吸引人的一点，尤其在数据科学领域，便是其丰富的第三方包生态。人们可以使用本地模块包，但大多数公共包都托管在PyPI（代表Python Package Index）网站中。包必须先安装、后使用，常用的安装工具是Python的标准包管理器pip。例如，可在命令行中运行下列指令安装著名的pandas库供本地使用：

```
pip install pandas
```

然后把它导入代码：

```
import pandas
```

在导入时可以为模块指定别名，例如约定俗成的做法是把pandas导入成pd：

```
import pandas as pd
```

接着就可以用别名取代模块名来引用模块了，如下所示：

```
pd.read_excel('/some_excel_file.xls')
```

也可以在使用import的时候加上关键词from来导入模块的指定部分：

```
import os from path
path
<module 'posixpath' from '/usr/lib/python3.6/posixpath.py'>
```

上述示例从os模块导入子模块path。现在便可以在程序中使用path了，就仿佛它是你自行定义的一样。

future语句

future语句支持使用属于未来版本的特定模块。由于数据科学很少用到这种语句，因此本书不做介绍。

global语句

程序中的作用域是指共享命名与值的环境。之前提过的用赋值语句定义的变量，会在接下来的语句中保持命名和值。也就是说这些语句共享了作用域。开始编写函数（第6章）和类（第14章）后，还会遇到不共享的作用域。使用global语句可以跨作用域共享变量。（第13章会介绍更多关于global语句的内容。）

nonlocal语句

nonlocal语句是另一种跨作用域共享变量的方法。全局变量跨整个模块共享，而nonlocal语句只覆盖当下作用域。nonlocal语句只有在多层嵌套作用域时有用武之地，除非相当特殊的情况，否则用不到它们，因此本书不做介绍。

print语句

在Python shell、IPython或者Colab笔记本这类交互式环境中工作时，可以用表达式语句查看任何Python表达式的值（表达式就是一段计算值的代码）。有些时候可能需要用其他方式输出文本，例如在命令行或者云函数中运行程序。这类情况下最基础的输出显示方式就是利用print语句将其打印出来。print函数默认把文本输出到标准输出流。可以传递任何内置类型或者大多数其他对象作为参数来打印。请看下列示例：

```
print(1)
1

print('a')
a
```

也可以传入多个参数，它们会被打印在同一行上：

```
print(1,'b')
1 b
```

还可以使用可选参数定义传入多个参数间的分隔符：

```
print(1,'b',sep='->')
1->b
```

甚至可以打印print函数本身：

```
print(print)
<built-in function print>
```

2.2　执行基础数学运算

可以把Python当成计算器使用。核心功能内置了基础数学运算。可以在交互式shell中进行数学运算，也可以在程序中使用计算结果。以下示例展示了Python的加减乘除以及求幂运算：

```
2 + 3
5

5 - 6
-1

3*4
12

9/3
3.0

2**3
8
```

需要注意，即使相除的是整数，除法运算返回的也是浮点数。如果要把除式的商限制为整数，可以使用如下所示的双斜杠操作符：

```
5//2
2
```

取模运算符也很有用，它返回除法的余数。使用百分号可以执行取模运算：

```
5%2
1
```

取模操作可以用来判断一个数是否为另一个数的因数（此时模为0）。下例使用关键词is测试取模结果是否为0：

```
14 % 7 is 0
True
```

第Ⅱ部分"数据科学库"将讲解更多数学运算。

2.3 用点号访问类和对象

第14章将介绍如何定义类与对象，目前可以把对象看成是带有数据的功能集合。Python中大多数东西都附加了属性和方法，访问对象的属性或方法（即附加在对象上的函数）要用到"点语法"。要访问属性，只要在对象名后面依次添加点号和属性名。

下例展示了如何访问一个整数的numerator属性：

```
a_number = 2
a_number.numerator
```

访问对象的方法与此相似，只不过要带上括号。下例调用了同一个整数的to_bytes()方法：

```
a_number.to_bytes(8, 'little')
b'\x02\x00\x00\x00\x00\x00\x00\x00'
```

2.4 本章小结

编程语言提供了把人类指示翻译成计算机指令的方法。Python使用不同类型的语句向计算机传达指令，每条语句都描述一项操作。可以结合语句开发软件。Python中的操作数据表示成各种类型，其中包括内置类型，以及开发者和第三方定义的类型。这些类型拥有各自的特征和属性，并且多数情况下还拥有各自的方法，可以使用点语法访问。

2.5 问题

1．在Python中，type(12)的输出是什么？

2．编写Python时，使用assert(True)对它后面的语句有什么影响？

3．如何使用Python调用LastParamError异常？

4．如何使用Python打印字符串"Hello"？

5．如何使用Python计算2的3次方？

第**3**章

序列

第2章中，你已经学习了一些数据类型。本章将介绍一种称作序列的内置类型。序列是有序且有限的集合，可以把序列看成图书馆里的书架，书架上每本书都有自己的位置，只要知道它的位置就能轻松地找到它。书本按顺序排列，每一本书（除了架子两端的书）的前后也都有书。你可以往书架上摆放更多的书，也可以把书取下来，当然书架也可能空着。可作为序列的内置类型有列表、元组、字符串、二进制串和range对象。本章要讲解这些类型的共同特征和一些细节。

3.1 通用的操作

序列家族有很多通用功能。具体来说，某些使用序列的方法适用于家族中的大部分成员。这些操作有的和序列长度有限的性质有关，有的用来访问序列中的元素，有的可以根据序列内容创建新序列。

3.1.1 检测成员关系

使用in操作可以检测某个元素是否是序列的成员。如果序列包含一个与待查询项相等的元素，则该操作返回True，反之返回False。下列示例对不同的序列类型使用了in操作：

```
'first' in ['first', 'second', 'third']
True


23 in (23,)
True


'b' in 'cat'
```

```
False
```

```
b'a' in b'ieojjza'
True
```

可以用关键字not与in搭配使用，来检测某元素是否不在序列中：

```
'b' not in 'cat'
True
```

用交互式会话探索数据和在if语句中使用交互式会话（参见第5章）这两种场景最可能用到in和not in。

3.1.2 索引

由于序列是一系列有序元素，因此可以根据元素在序列中的位置（又称索引）来访问它们。索引从0开始，最后一项比项数少1。例如含8个项的序列中，第一项的索引为0，最后一项的索引为7。

用方括号将索引号包围即可访问索引项。下例定义了一个字符串，并使用索引号访问它的第一个和最后一个字符：

```
name = "Ignatius"
name[0]
'I'

name[4]
't'
```

也可以使用负数从序列末尾反过来计算索引：

```
name[-1]
's'

name[-2]
'u'
```

3.1.3 切片

可以使用索引创建原序列的子序列，从而得到一个新序列。在方括号内输入子序列的开始和结束的索引号，并用冒号分隔，就能返回一个新序列：

```
name = "Ignatius"
name[2:5]
'nat'
```

所返回的子序列包含从起始索引开始，到结束索引的前一项。如果没有输入起始索引，那么子序列将从原序列的开头开始；而如果没有输入结束索引，则子序列将以原序列的末尾结束。

```
name[:5]
'Ignat'
```

```
name[4:]
'tius'
```

也可以用负数索引号创建从序列末尾计数的切片。下例展示了如何获取字符串的后3个字母：

```
name[-3:]
'ius'
```

如果想让切片跳过某些项，可以传入第3个参数指定步长。如果有一个由整数构成的序列，则可以用上文提到过的方法，使用起始和结束索引号来创建切片：

```
scores = [0, 1, 2, 3, 4, 5, 6, 7, 8, 9, 10, 11, 12, 13, 14, 15, 16, 17, 18]
scores[3:15]
[3, 4, 5, 6, 7, 8, 9, 10, 11, 12, 13, 14]
```

也可以指明切片的步长，例如每3个数取1个数：

```
scores[3:15:3]
[3, 6, 9, 12]
```

可以用负数进行反向计数：

```
scores[18:0:-4]
[18, 14, 10, 6, 2]
```

3.1.4　查看信息

可以对序列执行通用操作以获取其信息。由于序列长度是有限的，因此可以用len函数查看它的长度：

```
name = "Ignatius"
len(name)
8
```

min函数和max函数分别用来找出最小项和最大项：

```
scores = [0, 1, 2, 3, 4, 5, 6, 7, 8, 9, 10, 11, 12, 13, 14, 15, 16, 17, 18]
min(scores)
0

max(name)
'u'
```

这两个方法假设序列内容可以按内在顺序进行比较。对包含混合类型项的序列内容进行比较时，会出现错误：

```
max(['Free', 2, 'b'])
---------------------------------------------------------------
TypeError                         Traceback (most recent call last)
<ipython-input-15-d8babe38f9d9> in <module>()
----> 1 max(['Free', 2, 'b'])
TypeError: '>' not supported between instances of 'int' and 'str'
```

count方法可用来找出序列中某个元素出现的次数：

```
name.count('a')
1
```

index方法可以获取元素在序列中的索引：

```
name.index('s')
7
```

可以用index方法的结果创建某项之前的切片，例如字符串中的字母：

```
name[:name.index('u')]
'Ignati'
```

3.1.5   数学运算

可以对相同类型的序列执行加法和乘法运算。执行运算的是序列本身，而不是序列的内容。例如，列表[1]和[2]相加会得到[1,2]，而不会得到[3]。下例使用加法运算符（+）将3个单独的字符串合并成一个新的字符串：

```
"prefix" + "-" + "postfix"
'prefix-postfix'
```

乘法操作符（*）可以对整个序列（而非序列的内容）执行多次相加：

```
[0,2] * 4
[0, 2, 0, 2, 0, 2, 0, 2]
```

这种做法很适合用来设置序列的默认值。例如，假设要用一个列表维护一定数量参赛者的得分，就可以用乘法将列表初始化，这样列表就拥有了每个参赛者的初始分数：

```
num_participants = 10
scores = [0] * num_participants
scores
[0, 0, 0, 0, 0, 0, 0, 0, 0, 0]
```

3.2   列表和元组

列表和元组都是序列，可以保存任何类型的对象。它们的内容允许不同类型的混合，因此可以在同一个列表中放入字符串、整数、实例、浮点数或其他类型。列表和元组的元素用逗号分隔。列表的元素用方括号包围，而元组的元素用圆括号包围。列表和元组最主要的区别在于列表是可变的，而元组是不可变的。也就是说列表的内容可以修改，但元组一经创建就无法修改其内容。如果想修改元组的内容，则需要根据当前元组的内容新建一个元组。由于可变性上的差异，列表比元组功能更多，也占用更多内存。

3.2.1   创建列表和元组

可以用列表构造器list()创建列表，也可以直接使用方括号语法。如下例所示，只要在方括号内输入值就可以创建带有初始值的列表：

```
some_list = [1,2,3]
some_list
[1, 2, 3]
```

元组可以通过元组构造器tuple()或圆括号来创建。如果想创建只有一个项的元组，则必须在这个项后面加上逗号，否则Python解析圆括号时会将其识别为逻辑分组，而非元组。也可以不用圆括号，而仅在每个项后面加上逗号来创建元组。清单3.1给出了一些创建元组的示例。

清单 3.1　创建元组

```
tup = (1,2)
tup
(1,2)

tup = (1,)
tup
(1,)

tup = 1,2,
tup
(1,2)
```

> **警告**
>
> 　　如果在函数参数末尾留下逗号，就会导致一个常见而微妙的错误：把参数转换成包含原始参数的元组。例如，函数my_function(1, 2,)的第二个参数变成了(2,)，而不是2。

你也可以把序列作为列表或元组构造器的参数。下例把字符串作为参数，创建出包含该字符串中各字符的列表：

```
name = "Ignatius"
letters = list(name)
letters
['I', 'g', 'n', 'a', 't', 'i', 'u', 's']
```

3.2.2　添加和删除列表元素

可以添加或删除列表中的元素。不妨把列表看成一摞书来理解其中的概念。append方法是向列表添加项的最高效的方法，它会把项添加到列表末尾，就跟往书堆顶部放置一本书一样简单。要向列表其他位置添加项，可以使用insert方法，并以要插入新项的位置索引号作为参数。这个方法不如append方法高效，因为列表中其他项需要为新元素挪出位置。不过这种情况只有在非常大的列表中才有明显的影响。清单3.2展示的即为追加和插入列表项的代码。

清单 3.2　追加和插入列表项

```
flavours = ['Chocolate', 'Vanilla']
flavours
['Chocolate', 'Vanilla']

flavours.append('SuperFudgeNutPretzelTwist')
flavours
```

```
['Chocolate', 'Vanilla', 'SuperFudgeNutPretzelTwist']
```

```
flavours.insert(0,"sourMash")
flavours
['sourMash', 'Chocolate', 'Vanilla', 'SuperFudgeNutPretzelTwist']
```

pop方法可以删除列表项。没有参数时，该方法会删除最后一项。使用可选的索引参数，则可以指定要删除的元素。这两种情况都会将元素从列表中删除，并返回此元素。

下面的示例先从列表中弹出最后一项，然后再弹出索引为0的项。可以看到，在弹出后返回了这两个元素，而且这两个元素将不再出现在列表中：

```
flavours.pop()
'SuperFudgeNutPretzelTwist'
```

```
flavours.pop(0)
'sourMash'
```

```
flavours
['Chocolate', 'Vanilla']
```

可以使用extend方法把列表内容添加到另一个列表：

```
deserts = ['Cookies', 'Water Melon']
desserts
['Cookies', 'Water Melon']
```

```
desserts.extend(flavours)
desserts
['Cookies', 'Water Melon', 'Chocolate', 'Vanilla']
```

上述方法会修改第一个列表，在其后追加上第二个列表的内容。

嵌套列表的初始化

有一个棘手的问题困扰着Python初学者。结合列表可变性与序列相乘的性质时就会引发这个问题。如果想初始化一个包含4个子列表的列表，可以尝试像下列代码那样对单个列表进行乘法运算：

```
lists = [[]] * 4
lists
[[], [], [], []]
```

这看起来一切正常。现在修改其中一个子列表：

```
lists[-1].append(4)
lists
[[4], [4], [4], [4]]
```

所有子列表都被修改了！这是因为乘法仅会初始化一个列表，然后引用4次。当修改其中一项时，便可发现这些引用并非像看上去的那样独立。这个问题的解决方案是使用列表推导式

（将在第13章深入探讨）:

```
lists = [[] for _ in range(4)]
lists[-1].append(4)
lists
[[], [], [], [4]]
```

3.2.3 拆包

可以在一行代码里用列表或元组为多个变量赋值:

```
a, b, c = (1,3,4)
a
1

b
3

c
4
```

如果想把多个值赋给一个变量，并把单个值赋给其他变量，可以在需要被赋多个值的变量前面加上*号。这样它就会接收所有未分配给其他变量的值:

```
*first, middle, last = ['horse', 'carrot', 'swan', 'burrito', 'fly']
first
['horse', 'carrot', 'swan']

last
'fly'

middle
'burrito'
```

3.2.4 列表排序

可以使用内置的sort和reverse方法改变列表内容的顺序。与序列的min函数和max函数类似，这两个方法也只有当内容可比较时才能生效，例如:

```
name = "Ignatius"
letters = list(name)
letters
['I', 'g', 'n', 'a', 't', 'i', 'u', 's']

letters.sort()
letters
['I', 'a', 'g', 'i', 'n', 's', 't', 'u']

letters.reverse()
```

```
letters
['u', 't', 's', 'n', 'i', 'g', 'a', 'I']
```

3.3 字符串

　　字符串是字符的序列。Python字符串默认是Unicode编码，任意Unicode字符都可以是字符串的一部分。字符串就是用引号包围的字符，使用单引号和双引号表示的字符串是相等的：

```
'Here is a string'
'Here is a string'

"Here is a string" == 'Here is a string'
True
```

　　如果想在字符串内部为单词或词组中夹带引号，就要选用单引号或双引号中的一种来包围单词或词组，再用另外一种包围整个字符串。下例中的单词is被双引号包围，而整个字符串被单引号包围：

```
'Here "is" a string'
'Here "is" a string'
```

　　可以像下例这样用3对双引号包围多行字符串：

```
a_very_large_phrase = """
Wikipedia is hosted by the Wikimedia Foundation,
a non-profit organization that also hosts a range of other projects.
"""
```

　　在Python字符串中可使用特殊字符，每个字符都由一个反斜杠引出。特殊字符包括制表符(\t)、回车 (\r) 和换行 (\n)。这些字符在打印时会被解析成特殊的含义。尽管它们通常来说用处很大，但在表示Windows路径的时候就不那么方便了：

```
windows_path = "c:\row\the\boat\now"
print(windows_path)
ow heoat
    ow
```

　　针对这种情况，可以使用Python的原始字符串类型，按字面意思解释所有字符。只需要在字符串前面加上前缀r来标识原始字符串类型：

```
windows_path = r"c:\row\the\boat\now"
print(windows_path)
c:\row\the\boat\now
```

　　清单3.3展示了许多字符串辅助函数，可以帮助处理不同情况的大小写。

清单 3.3　字符串辅助函数

```
captain = "Patrick Tayluer"
captain
'Patrick Tayluer'
```

```
captain.capitalize()
'Patrick tayluer'

captain.lower()
'patrick tayluer'

captain.upper()
'PATRICK TAYLUER'

captain.swapcase()
'pATRICK tAYLUER'

captain = 'patrick tayluer'
captain.title()
'Patrick Tayluer'
```

Python3.6引入了格式化字符串，简称f字符串，可以在运行时使用替换域在f字符串中插入变量。替换域由花括号包围。替换域可以插入包括变量在内的任何表达式。如下例所示，f字符串的前缀是F或者f：

```
strings_count = 5
frets_count = 24
f"Noam Pikelny's banjo has {strings_count} strings and {frets_count} frets"
'Noam Pikelny's banjo has 5 strings and 24 frets'
```

下例展示了如何为替换域插入数学表达式：

```
a = 12
b = 32
f"{a} times {b} equals {a*b}"
'12 times 32 equals 384'
```

下例展示了如何为替换域插入列表项：

```
players = ["Tony Trischka", "Bill Evans", "Alan Munde"]
f"Performances will be held by {players[1]}, {players[0]}, and {players[2]}"
'Performances will be held by Bill Evans, Tony Trischka, and Alan Munde'
```

3.4　range对象

range对象可以高效地表示一系列按值排序的数字，它们常常用于指定循环要运行的次数，第5章会介绍循环。range对象接受起始（可选）、结束和步长（可选）参数。和切片类似，range对象包含起始数字，但不包含结束数字。另外，和切片一样，也可以使用负数步长来计数。range对象按需计算，因此很大的range对象也不需要占用更多内存。清单3.4展示了传递和不传递可选参数时，如何创建range对象。该清单用range对象生成了列表，以方便查看range对象所能提供的完整内容。

清单 **3.4**   创建 **range** 对象

```
range(10)
range(0, 10)

list(range(1, 10))
[1, 2, 3, 4, 5, 6, 7, 8, 9]

list(range(0,10,2))
[0, 2, 4, 6, 8]

list(range(10, 0, -2))
[10, 8, 6, 4, 2]
```

3.5   本章小结

本章介绍了一组称作序列的重要数据类型。序列是有序且有限的元素集合。列表和元组可以包含混合类型，列表可以在创建后修改，而元组不可以。字符串是字符的序列。range对象用于描述数字范围。列表、字符串和range对象是Python中的常用类型。

3.6   问题

1．如何检测a是否位于列表my_list中？

2．如何统计b在字符串my_string中出现的次数？

3．如何将a添加到列表my_list的末尾？

4．字符串'superior'和"superior"相等吗？

5．如何创建从3到13的range对象？

第4章

其他数据结构

基于顺序的数据表示很有用，但有时人们也会应用其他的数据表示方式。字典和集合就是不依赖顺序的数据结构，它们都是很强大的模型，也是Python工具箱的组成部分。

4.1 字典

假设你正在进行一项判断学生的身高与平均学分绩点（Grade Point Average，GPA）是否有关的研究，需要一种表示每个学生姓名、身高和GPA的数据结构。你当然可以把这些信息储存在列表或元组中，但这样需要跟踪每个索引对应哪项数据。一种更好的表示方法是给数据贴上标签来避免跟踪索引与属性的对应关系。可以使用字典将数据储存为键值对，字典中的每个项目或值都可以利用键来访问。这种查询方式非常有效，比搜索一个长序列快得多。

每个键值对中的键和值都采用冒号分隔。多个键值对之间用逗号分隔，并用花括号包围起来。一个学生记录的字典可能如下所示。

```
{ 'name': 'Betty', 'height': 62, 'gpa': 3.6 }
```

这个字典的键是字符串'name', 'height'和'gpa'。每个键都对应一项数据：'name'对应字符串'Betty', 'height'对应整数62, 'gpa'对应浮点数3.6。值可以为任意类型，但键的类型有一些限制，本章稍后讨论。

4.1.1 创建字典

可以创建有初始值或无初始值的字典。利用dict()构造器或花括号就可以创建一个空字典：

```
dictionary = dict()
dictionary
```

```
{}

dictionary = {}
dictionary
{}
```

第一个例子用构造方法dict()创建空字典,并将其赋值给变量dictionary。第二个例子用花括号创建空字典,并赋值给同一个变量。这两个例子都生成了一个用花括号表示的空字典。

也可以创建含初始值的字典。一种方法是以具名参数的形式传入键值对,如下例所示。

```
subject_1 = dict(name='Paula', height=64, gpa=3.8, ranking=1)
```

另一种方式是将键值对以一个或多个列表或元组的形式传入构造器,每个子列表都是一个键值对。

```
subject_2 = dict([['name','Paula'],['height',64],['gpa',3.8]],['ranking',1])
```

第三种方式是利用花括号创建字典,键与值用冒号分隔,各个键值对用逗号分隔。

```
subject_3 = {'name':'Paula', 'height':64, 'gpa':3.8, 'ranking':1}
```

只要使用相同的键和值,这些方法都能创建相等的字典:

```
subject_1 == subject_2 == subject_3
True
```

4.1.2 利用键访问、追加、更新字典

字典的键提供了访问和修改数据的方法。用方括号包围键,就可以访问数据,这与用索引访问序列中数据的方法非常相似。

```
student_record = {'name':'Paula', 'height':64, 'gpa':3.8}
student_record['name']
'Paula'

student_record['height']
64

student_record['gpa']
3.8
```

如果想向已有的字典追加一个新的键值对,可以直接用相同的语法分配数据。

```
student_record['applied'] = '2019-10-31'
student_record
{'name':'Paula',
'height':64,
'gpa':3.8,
'applied': '2019-10-31'}
```

原字典现已包含新的键值对。

如果想更新已有键对应的值,也可以使用相同的方括号语法:

```
student_record['gpa'] = 3.0
```

```
student_record['gpa']
3.0
```

使用+=运算符是一种增量修改数值型数据的便捷方式，这样就可以简便地在原值的基础上增加指定数值：

```
student_record['gpa'] += 1.0
student_record['gpa']
4.0
```

4.1.3 从字典中移除项目

有时需要移除某些数据，例如当字典中包含个人可识别信息（Personal Identifiable Information, PII）时。假设数据包含学生的ID，但ID号与这项具体的研究无关。为了保护学生的隐私，可以将ID的值设为None：

```
student_record = {'advisor': 'Pickerson',
                  'first': 'Julia',
                  'gpa': 4.0,
                  'last': 'Brown',
                  'major': 'Data Science',
                  'minor': 'Math'}
student_record['id'] = None
student_record
{'advisor': 'Pickerson',
'first': 'Julia',
'gpa': 4.0,
'id': None,
'last': 'Brown',
'major': 'Data Science',
'minor': 'Math'}
```

这样，任何人都无法使用ID数据了。

移除键值对的另一种方式是使用del()函数。此函数的参数是字典和用方括号包围的键，它会移除相应的键值对：

```
del(student_record['id'])
student_record
{'advisor': 'Pickerson',
'first': 'Julia',
'gpa': 4.0,
'last': 'Brown',
'major': 'Data Science',
'minor': 'Math'}
```

注意

当然，为了切实保护学生的身份，还需要移除姓名等其他个人可识别信息。

4.1.4　字典视图

字典视图（dictionary view）是帮助深入了解字典的对象。共有3种视图：dict_keys、dict_values和dict_items。每种视图均以不同的视角观察字典。

字典的keys()方法会返回dict_keys对象，此对象支持访问字典当前的键：

```
keys = subject_1.keys()
keys
dict_keys(['name', 'height', 'gpa', 'ranking'])
```

字典的values()方法会返回dict_values对象，此对象支持访问字典当前的值：

```
values = subject_1.values()
values
dict_values(['Paula', 64, 4.0, 1])
```

字典的items()方法会返回dict_items对象，表示字典当前的键值对：

```
items = subject_1.items()
items
dict_items([('name', 'Paula'), ('height', 64), ('gpa', 4.0), ('ranking', 1)])
```

可以用in运算符测试某个对象是否处于上述视图中。下例判断字典是否包含键'ranking'：

```
'ranking' in keys
True
```

下例判断字典是否包含值1：

```
1 in values
True
```

下例判断字典是否包含由'ranking'指向1的键值对：

```
('ranking',1) in items
True
```

从Python 3.8版本开始，字典视图为动态对象。也就是说，如果在创建视图后修改字典，视图也会跟着修改。例如，如果从字典中删除上例所访问视图中的键值对：

```
del(subject_1['ranking'])
subject_1
{'name': 'Paula', 'height': 64, 'gpa': 4.0}
```

则这个键值对也会一并从视图对象中删除：

```
'ranking' in keys
False

1 in values
False

('ranking',1) in items
False
```

每个字典视图都具有一定长度，可以像序列一样使用len函数获取其长度：

```
len(keys)
```

```
3

len(values)
3

len(items)
3
```

在Python 3.8中，可以对dict_key视图使用reversed函数，将视图中的元素顺序倒转：

```
keys
dict_keys(['name', 'height', 'gpa'])
list(reversed(keys))
['gpa', 'height', 'name']
```

dict_key是类似于集合的对象，可以应用许多集合操作。下例首先创建两个字典：

```
admission_record = {'first':'Julia',
                    'last':'Brown',
                    'id': 'ax012E4',
                    'admitted': '2020-03-14'}

student_record = {'first':'Julia',
                  'last':'Brown',
                  'id': 'ax012E4',
                  'gpa':3.8,
                  'major':'Data Science',
                  'minor': 'Math',
                  'advisor':'Pickerson'}
```

接下来便可以查询它们的键是否相同：

```
admission_record.keys() == student_record.keys()
False
```

还可以求它们的对称差集：

```
admission_record.keys() ^ student_record.keys()
{'admitted', 'advisor', 'gpa', 'major', 'minor'}
```

可以求交集：

```
admission_record.keys() & student_record.keys()
{'first', 'id', 'last'}
```

可以求差集：

```
admission_record.keys() - student_record.keys()
{'admitted'}
```

可以求并集：

```
admission_record.keys() | student_record.keys()
{'admitted', 'advisor', 'first', 'gpa', 'id', 'last', 'major', 'minor'}
```

> **注意**
> 集合和集合的运算将在4.2节详细介绍。

dict_items视图的最常用方法是遍历字典并对每个键值对进行操作。下例使用for循环（参见第5章）打印每个键值对：

```
for k,v in student_record.items():
    print(f"{k} => {v}")
first => Julia
last => Brown
gpa => 4.0
major => Data Science
minor => Math
advisor => Pickerson
```

也可以根据需要，在dict_keys或dict_values上运用相同的循环。

4.1.5　判断字典是否包含某个键

用dict_keys视图和in运算符可以判断字典是否包含某个键：

```
'last' in student_record.keys()
True
```

作为一种简便方法，在检验字典是否包含某个键时，也可以不用显式调用dict_key视图，而直接对字典使用in操作符：

```
'last' in student_record
True
```

在对字典的键进行迭代时也可以这样做，而不需要直接访问dict_key视图：

```
for key in student_record:
    print(f"key: {key}")
key: first
key: last
key: gpa
key: major
key: minor
key: advisor
```

4.1.6　get方法

若用方括号语法访问字典中没有的键，将导致异常：

```
student_record['name']
---------------------------------------------------------------------------
KeyError                                  Traceback (most recent call last)
<ipython-input-18-962c04650d3e> in <module>()
----> 1 student_record['name']
```

```
KeyError: 'name'
```

若不是在笔记本中运行程序,这种错误将终止程序的运行。一种避免这种错误的方法,是在访问前判断键是否存在于字典中:

```
if 'name' in student_record:
    student_record['name']
```

上例使用了if语句,仅当字典中存在键'name'时才进行访问。(if语句详见第5章)

方便起见,为了安全地访问可能缺失的键,字典的get()方法会在键不存在时返回None。

```
print( student_record.get('name') )
None
```

也可以传入第二个参数,表示键不存在时的返回值:

```
student_record.get('name', 'no-name')
'no-name'
```

还可以连续使用多个get语句:

```
student_record.get('name', admission_record.get('first', 'no-name'))
'Julia'
```

上例首先从student_record字典中获取键'name'的值。若该值不存在,则再从字典admission_record中获取键'first'的值。如果该值仍不存在,则返回默认值'no-name'。

4.1.7 合法的键类型

一些对象的值可以改变,而另一些对象具有静态值。值可以改变的对象称为可变对象。前面讲过,列表是可变对象,还有一些其他的值可变的对象也是可变对象。不可变对象的值不可更改。不可变对象包括整数、字符串、range对象、二进制字符串和元组。

除了某些元组之外,不可变对象都可以作为字典的键:

```
{ 1            : 'an integer',
  'string'     : 'a string',
  ('item',)    : 'a tuple',
  range(12)    : 'a range',
  b'binary'    : 'a binary string' }
```

而可变对象,例如列表,不可以作为字典的键。如果尝试用列表作为键,就会抛出异常:

```
{('item',): 'a tuple',
1: 'an integer',
b'binary': 'a binary string',
range(0, 12): 'a range',
'string': 'a string',
['a', 'list'] : 'a list key' }
-------------------------------------------------------------------------
TypeError                             Traceback (most recent call last)
<ipython-input-31-1b0e555de2b5> in <module>()
----> 1 { ['a', 'list'] : 'a list key' }
TypeError: unhashable type: 'list'
```

如果元组的内容均为不可变对象，那么这个元组就可以用作字典的键。因此，数值、字符串等的元组都是合法的键：

```
tuple_key = (1, 'one', 1.0, ('uno',))
{ tuple_key: 'some value' }
{(1, 'one', 1.0, ('uno',)): 'some value'}
```

而元组如果包含可变对象（例如列表）就不是合法的键：

```
bad_tuple = ([1, 2], 3)
{ bad_tuple: 'some value' }
--------------------------------------------------------------------
TypeError                          Traceback (most recent call last)
<ipython-input-28-b2cddfdda91e> in <module>()
      1 bad_tuple = ([1, 2], 3)
----> 2 { bad_tuple: 'some value' }
TypeError: unhashable type: 'list'
```

4.1.8   哈希方法

字典可以看成将值存储于类似于带索引列表的结构，有一个方法可以快速而可靠地将键映射为索引值。这个方法就是哈希（hash）函数，不可变Python对象上可以找到__hash()__方法。这个方法可以隐式使用，也可以直接调用：

```
a_string = 'a string'
a_string.__hash__()
48154748582555585337

a_tuple = 'a','b',
a_tuple.__hash__()
7273358294597481374

a_number = 13
a_number.__hash__()
13
```

哈希函数用对象的值运算得到一个确定的输出。可变对象的哈希值是不确定的，因此也无法得到可变对象的哈希值，例如列表：

```
a_list = ['a','b']
a_list.__hash__()
--------------------------------------------------------------------
TypeError                          Traceback (most recent call last)
<ipython-input-40-c4f99d4ea902> in
<module>()
      1 a_list = ['a','b']
----> 2 a_list.__hash__()
TypeError: 'NoneType' object is not callable
```

字典和列表都是Python中最常用的数据结构。可以借此对数据进行组织,实现有意义且高效的查询。

注意

虽然键值查询机制不依赖于数据的顺序,但在Python 3.7中,键的顺序反映了它们插入的顺序。

4.2 集合

你可能比较熟悉数学中的集合。Python集合数据类型就实现了数学中集合的功能。所谓集合(set),是指一些互异、无序的元素构成的整体。可以将集合想象为一个不包含重复对象的魔法袋,集合的元素可以是任何可哈希的类型。

Python集合中的元素用逗号分隔,整体用花括号包围:

```
{ 1, 'a', 4.0 }
```

可以利用set()构造器或直接使用花括号创建集合。

但是如果只使用空的花括号,则会创建出一个空字典。因此若想创建一个空集合,就必须使用set()构造器:

```
empty_set = set()
empty_set
set()

empty_set = {}
empty_set
{}
```

可以用构造器或花括号创建含初始值的集合。

可以将任何类型的序列作为参数,系统会返回序列中互异元素构成的集合:

```
letters = 'a', 'a', 'a', 'b', 'c'
unique_letters = set(letters)
unique_letters
{'a', 'b', 'c'}

unique_chars = set('mississippi')
unique_chars
{'i', 'm', 'p', 's'}

unique_num = {1, 1, 2, 3, 4, 5, 5}
unique_num
{1, 2, 3, 4, 5}
```

与字典类似,集合也使用哈希函数判断其元素的唯一性,因此集合中的元素必须可哈希,即为不可变对象。列表不能作为集合的元素：

```
bad_set = { ['a','b'], 'c' }
----------------------------------------------------------------------
TypeError                           Traceback (most recent call last)
<ipython-input-12-1179bc4af8b8> in <module>()
----> 1 bad_set = { ['a','b'], 'c' }
TypeError: unhashable type: 'list'
```

可以使用add()方法将元素加入集合：

```
unique_num.add(6)
unique_num
{1, 2, 3, 4, 5, 6}
```

可以用in运算符判断某元素是否属于集合：

```
3 in unique_num
True

3 not in unique_num
False
```

可以使用len()函数获取集合中元素的数量：

```
len(unique_num)
6
```

与列表类似，也可以使用pop()方法移除并返回集合中的一个元素：

```
unique_num.pop()
unique_num
{2, 3, 4, 5, 6}
```

与列表不同的是，不能依赖pop()方法按某种顺序移除集合中的元素。要想从集合中删除特定元素，应使用remove()方法：

```
students = {'Karl', 'Max', 'Tik'}
students.remove('Karl')
students
{'Max', 'Tik'}
```

这个方法并不会返回移除的元素。如果尝试移除一个集合中不存在的元素，就会得到错误信息：

```
students.remove('Barb')
----------------------------------------------------------------------
KeyError                            Traceback (most recent call last)
<ipython-input-3-a36a5744ac05> in <module>()
----> 1 students.remove('Barb')
KeyError: 'Barb'
```

可以通过编写代码，在移除某元素之前判断它是否属于这个集合。函数discard()提供了一种更方便的方法。这个函数在尝试删除不存在的元素时，不会抛出异常：

```
students.discard('Barb')
```

```
students.discard('Tik')
students
{'Max'}
```

可以利用clear()函数移除集合中的所有元素。

```
students.clear()
students
set()
```

注意，集合是无序的，不支持索引：

```
unique_num[3]
-------------------------------------------------------------------------
TypeError                                 Traceback (most recent call last)
<ipython-input-16-fecab0cd5f95> in <module>()
----> 1 unique_num[3]
TypeError: 'set' object does not support indexing
```

可以用==和!=运算符判断两个集合是否相等（详见第5章）。因为集合是无序的，所以只要元素相同，即使加入的顺序不同，集合仍然相等：

```
first = {'a','b','c','d'}
second = {'d','c','b','a'}
first == second
True


first != second
False
```

4.2.1 集合的运算

集合支持许多运算操作，许多集合的操作既可以作为集合对象的方法，也可以作为一个单独的运算符（<、<=、>、>=、&、|、^）。集合的方法既可以在两个集合之间进行操作，也可以在集合和其他可迭代对象（即可以进行迭代的数据结构）之间使用。而集合的运算符只能用于集合（或原封集合frozenset）之间。

互斥

两个集合互斥是指它们不存在共有元素。可以使用disjoint()方法对Python集合进行互斥判断。例如偶数构成的集合和奇数构成的集合没有共有元素，因此disjoint()的结果是True。

```
even = set(range(0,10,2))
even
{0, 2, 4, 6, 8}


odd = set(range(1,11,2))
odd
{1, 3, 5, 7, 9}
```

```
even.isdisjoint(odd)
True
```

子集

如果集合B的所有元素都属于集合A，则集合B是集合A的子集。subset()方法可用于判断当前集合是否为另一个集合的子集。下例对小于21的3的倍数构成的集合进行了"是否为小于21的自然数集的子集"的判断：

```
nums = set(range(21))
nums
{0, 1, 2, 3, 4, 5, 6, 7, 8, 9, 10, 11, 12, 13, 14, 15, 16, 17, 18, 19, 20}

threes = set(range(3,21,3))
threes
{3, 6, 9, 12, 15, 18}

threes.issubset(nums)
True
```

也可以直接利用<=运算符判断左端集合是否为右端集合的子集。

```
threes <= nums
True
```

前面提到，这个运算符的方法版本可以将集合以外的对象作为参数。下例对3的倍数集合进行了"是否包含于0到20的整数集"的判断：

```
threes.issubset(range(21))
True
```

运算符不能用于集合以外的对象：

```
threes <= range(21)
-------------------------------------------------------------------
TypeError                            Traceback (most recent call last)
    <ipython-input-30-dbd51effe302> in <module>()
    ----> 1 threes <= range(21)
TypeError: '<=' not supported between instances of 'set' and 'range'
```

真子集

如果一个集合的所有元素都属于第二个集合，但也存在不属于第二个集合的元素，则这个集合被称为第二个集合的真子集。也可以说，第一个集合是第二个集合的子集，且二者不相等。可以使用<运算符判断真子集：

```
threes < nums
True

threes < {'3','6','9','12','15','18'}
False
```

超集与真超集

超集是子集的反义词:如果一个集合包含第二个集合的所有元素,则它是第二个集合的超集。同理,如果一个集合是另一个集合的超集,且二者不相等,则它是第二个集合的真超集。Python集合可用issuperset()方法进行判断,参数可为另一个集合或任何可迭代对象:

```
nums.issuperset(threes)
True
nums.issuperset([1,2,3,4])
True
```

也可以使用>=运算符判断超集,用>运算符判断真超集:

```
nums >= threes
True

nums > threes
True

nums >= nums
True

nums > nums
False
```

并集

两个集合的并集是一个包含二者所有元素的集合。可以为Python集合使用union()方法和单独的竖线运算符(|)返回两个集合的并集,其中union()方法可用于集合和其他可迭代对象:

```
odds = set(range(0,12,2))
odds
{0, 2, 4, 6, 8, 10}

evens = set(range(1,13,2))
evens
{1, 3, 5, 7, 9, 11}

odds.union(evens)
{0, 1, 2, 3, 4, 5, 6, 7, 8, 9, 10, 11}

odds.union(range(0,12))
{0, 1, 2, 3, 4, 5, 6, 7, 8, 9, 10, 11}

odds | evens
{0, 1, 2, 3, 4, 5, 6, 7, 8, 9, 10, 11}
```

交集

两个集合的交集仅包含它们的共有元素，可以使用intersection()方法或&运算符求交集：

```
under_ten = set(range(10))
odds = set(range(1,21,2))
under_ten.intersection(odds)
{1, 3, 5, 7, 9}

under_ten & odds
{1, 3, 5, 7, 9}
```

差集

两个集合的差集是仅存在于第一个集合而不存在于第二个集合的元素所构成的集合。可以使用difference()方法或减号运算符（-）求差集：

```
odds.difference(under_ten)
{11, 13, 15, 17, 19}

odds - under_ten
{11, 13, 15, 17, 19}
```

对称差集

两个集合的对称差集是仅属于其中一个集合的元素所构成的集合。Python集合提供了symmetric_difference()方法和补注号运算符（^）求对称差集：

```
under_ten = set(range(10))
over_five = set(range(5, 15))
under_ten.symmetric_difference(over_five)
{0, 1, 2, 3, 4, 10, 11, 12, 13, 14}

under_ten ^ over_five
{0, 1, 2, 3, 4, 10, 11, 12, 13, 14}
```

更新集合

Python集合提供了多种原文更新集合内容的方法。除了使用update()将元素加入集合之外，也可以使用一些集合的运算进行集合的更新。

下列展示了如何用一个集合更新另一个集合：

```
unique_num = {0, 1, 2}
unique_num.update( {3, 4, 5, 7} )
unique_num
{0, 1, 2, 3, 4, 5, 7}
```

下例展示了如何利用列表更新集合：

```
unique_num.update( [8, 9, 10] )
```

```
unique_num
{0, 1, 2, 3, 4, 5, 7, 8, 9, 10}
```

下例展示了如何利用与range对象的差集更新集合：

```
unique_num.difference_update( range(0,12,2) )
unique_num
{1, 3, 5, 7, 9}
```

下例展示了如何利用交集更新集合：

```
unique_num.intersection_update( { 2, 3, 4, 5 } )
unique num
{3, 5}
```

下例展示了如何利用对称差集更新集合：

```
unique_num.symmetric_difference_update( {5, 6, 7 } )
unique_num
{3, 6, 7}
```

下例展示了如何利用并集更新集合：

```
unique_letters = set("mississippi")
unique_letters
{'i', 'm', 'p', 's'}

unique_letters |= set("Arkansas")
unique_letters
{'A', 'a', 'i', 'k', 'm', 'n', 'p', 'r', 's'}
```

下例展示了如何利用差集更新集合：

```
unique_letters -= set('Arkansas')
unique_letters
{'i', 'm', 'p'}
```

下例展示了如何利用交集更新集合：

```
unique_letters &= set('permanent')
unique_letters
{'m', 'p'}
unique_letters ^= set('mud') 2 unique_letters
{'d', 'p', 'u'}
```

4.2.2 原封集合

集合是可变对象，所以不可以作为字典的键，也不能作为集合的元素。在Python中，原封集合（frozenset）是类似于集合的不可变对象。可以用原封集合代替集合进行任何不会改变其内容的运算。例如：

```
froze = frozenset(range(10))
froze
frozenset({0, 1, 2, 3, 4, 5, 6, 7, 8, 9})
```

```
froze < set(range(21))
True

froze & set(range(5, 15))
frozenset({5, 6, 7, 8, 9})

froze ^ set(range(5, 15))
frozenset({0, 1, 2, 3, 4, 10, 11, 12, 13, 14})

froze | set(range(5,15))
frozenset({0, 1, 2, 3, 4, 5, 6, 7, 8, 9, 10, 11, 12, 13, 14})
```

4.3　本章小结

Python的内置数据结构提供了许多表示和组织数据的方式。字典和集合都是对序列类型的补充。字典以高效的方式将键与值建立映射，集合将数学中的集合运算实现为数据结构。当元素顺序对于操作原理不重要时，字典和集合是很好的选择。

4.4　问题

1. 用下列键值对创建字典有哪3种方式？

```
{'name': 'Smuah', 'height':62}
```

2. 如何将student字典中键为gpa的值更新为'4.0'？

3. 给定字典data如何在键可能缺失的情况下，安全地访问键为settings的值？

4. 可变对象和不可变对象有何区别？

5. 如何根据字符串"lost and lost again"创建集合？

第**5**章

执行控制

本章内容

- ❏ 复合语句简介
- ❏ 相等运算
- ❏ 比较运算
- ❏ 布尔运算
- ❏ if语句
- ❏ while 循环
- ❏ for 循环

到目前为止，所有语句都是独立的单元，会一次一行地按顺序执行。如果将语句组合在一起，则可以它们将作为一个单元来执行，这样会使编程变得更加强大、更加有趣。简单语句结合起来就能实现更复杂的行为。

5.1 复合语句

第2章"Python基础"介绍了简单语句，每条语句都执行一个操作。本章介绍复合语句，其用于控制一组语句的执行，当某个条件为真时方才会执行。本章介绍的复合语句包括for循环、while循环、if语句、try语句和with语句。

5.1.1 复合语句的结构

复合语句是由一个或多个控制语句和一组执行受控的语句（受控语句）组成的。控制语句以表明复合语句类型的关键词开头，后接此类语句相应的表达式，最后加上冒号：

```
<keyword> <expression>:
```

受控语句可用两种方式组织。第一种是用代码块进行组织，表示一组一同运行的语句，这是较为常用的方法。在Python中，代码块是用缩进的形式定义层级的，相同层级的语句应具有相同的缩进。不再缩进就标志着代码块结束，这个缩进不同的结束语句并不是代码块的一部分，无论控制语句如何，它都会被执行。一个代码块应如下所示：

```
<control statement>:
    <controlled statement 1>
    <controlled statement 2>
    <controlled statement 3>
<statement ending block>
```

　　利用缩进定义代码块是Python不同于其他常用编程语言的特性之一，其他编程语言可能使用花括号等其他方式组织代码。

　　另一种组织代码块的方式是将其直接写在控制语句后面，并用分号隔开：

```
<control statement>:<controlled statement 1>;<controlled statement 2>;
```

　　只有在受控语句很少，而且写成一行可增加可读性，而非降低可读性的情况下，才应该使用第二种方式。

5.1.2　判断True与False

　　复合语句中的if语句、while循环和for循环，都依赖于运算结果为True或False的控制表达式。幸运的是，在Python中，几乎所有对象都可以判断为True或False。用于复合语句控制的4种最常用的内置表达式是相等运算、比较运算、布尔运算和对象求值。

相等运算

　　Python提供了等于运算符（==）、不等于运算符（!=）和标识号运算符（is）。等于和不等于运算符比较两个对象的值，并返回常量True或False。清单5.1定义了值为整数1或2的3个变量，然后利用等于运算符说明前2个变量相等，但与第3个变量不相等。用不等于运算符也可以进行同样的比较，但输出恰好相反。

清单 5.1　相等运算

```
# Assign values to variables
a, b, c = 1, 1, 2
# Check if value is equal
a == b
True


a == c
False


a != b
False


a != c
True
```

可以用等于或不等于运算符比较不同类型的两个对象。对于数值类型，可以比较整型和浮点型的数值。例如，比较整数1和浮点数1.0时，它们的值是相等的：

```
1 == 1.0
True
```

但其他大多数跨类型比较的结果都是False，无论其值如何。将字符串和整数进行比较一定会得到False，无论其值如何：

```
'1' == 1
False
```

网络表单通常将输入表示为字符串。当尝试将用户在网络表单中输入的数和另一个数进行比较时就会遇到问题，因为表单中的数其实是字符串类型。字符串与整数比较一定会得到False，即使其对应的输入数值与进行比较的数实质上相同。

比较运算

可以用比较运算符比较对象的顺序，其中"顺序"取决于进行比较的数据类型。对于数值，比较的依据就是它们在数轴上的顺序。而对于字符串，则适用字符的统一码（Unicode）进行比较。比较运算符包括小于（<）、小于或等于（<=）、大于（>）、大于或等于（>=）。清单5.2展示了这些比较运算符的行为。

清单 5.2　比较运算

```
a, b, c = 1, 1, 2
a < b
False

a < c
True

a <= b
True

a > b
False

a >= b
True
```

可以对数值等不同类型的对象使用比较运算符，但大部分跨类型比较都是不允许的。如果对不可比较的类型使用比较运算符，例如字符串和列表，则会得到错误信息。

布尔运算

布尔运算符以布尔代数为基础，你可能在数学或哲学课程中学习过相关内容。19世纪，数学家乔治·布尔首次规范化了这些运算。在Python中，布尔运算符包括and、or和not。其中and和or需要两个参数，而not只需要一个参数。

只有两个参数的值均为True时，and运算的结果才是True，否则结果就为False。只要任何一个参数的值为True时，or运算的结果就是True，否则结果就为False。当参数的值为True时，not运算的结果就为False，反之其结果为True。清单5.3展示了这些行为。

清单 5.3   布尔运算

```
True and True
True


True and False
False


True or False
True


False or False
False


not False
True


not True
False
```

and和or运算符都是短路运算符，也就是说它们只需要求出对确定输出所必要的参数值。例如，假设有两个方法returns_false()和returns_true()，并将它们作为and运算符的参数，如下所示：

```
returns_false() and returns_true()
```

如果调用returns_false()时返回了False，那么就不会调用returns_true()，因为最终结果已经确定了。同理，如果将它们作为or运算符的参数，如下所示：

```
returns_true() or returns_false()
```

如果第一个参数已经得到了True的结果，则第二个方法就不会被调用了。

not运算符一定返回布尔常量True或False，而另外两个运算符会返回最后一个求值的表达式的结果。这一性质在对象求值时非常有用。

对象求值

所有Python对象都可以被解析为True或False，因此可以将对象作为布尔运算的参数。会被解析为False的对象包括常量None和False、值为0的数值对象和长度为0的其他对象。这包括空序列，例如空字符串（""）和空列表（[]）。其余对象都会被解析为True。

由于or运算符会返回它求值的最后一个表达式,因此可以借此创建变量被解析为False时的缺省值:

```
a = ''
b = a or 'default value'
b
'default value'
```

上例中第一个变量是空字符串,长度为零,因此它将被解析为False。or运算符会继续求第二个表达式的值并返回。

5.2　if语句

if语句是复合语句,它可以根据当前的状态对代码的行为进行分支。如果需要在某个条件满足时再执行动作,或者需要根据多个条件在多种动作中进行选择时,就可以使用if语句。控制语句以关键字if开头,后接一个值为True或False的表达式,最后跟上冒号。受控语句可以写在冒号后面的同一行:

```
if True:message="It's True!";print(message)
It's True!
```

也可以另起一行,写成带缩进的代码块:

```
if True:
    message="It's True"
    print(message)
It's True
```

在上面的两个示例中,控制表达式就是简单的常量True,其值当然一定为True。它们各有两个受控语句:第一个语句将字符串赋值给变量message,第二个语句将变量的值输出。第二个例子中的代码块通常可读性更好。

如果控制表达式的值为False,则程序将跳过受控语句继续执行:

```
if False:
    message="It's True"
    print(message)
```

海象运算符

在将值赋给变量时,Python并不会返回值。而在给变量赋值时,通常想知道变量的值。例如,可能会将函数的返回值赋给变量,而如果值不是None,就可以利用这个返回的对象。Python中re模块有一个搜索方法(参见第15章"其他主题"),若找到字符串中的匹配字符,就返回一个match对象,否则返回None。要想使用match对象,首先需要确保它不是None。

```
import re
s = '2020-12-14'
match = re.search(r'(\d\d\d\d)-(\d\d)-(\d\d)', s)
if match:
```

```
    print(f"Matched items: {match.groups(1)}")
else:
    print(f"No match found in {s}")
```

Python 3.8引入了一个新的运算符——赋值运算符（:=），也称为海象运算符（因为形状看起来像海象的头）。这个运算符会为变量赋一个值，并返回这个值。可以利用其重写上例：

```
import re
s = '2020-12-14'
if match := re.search(r'(\d\d\d\d)-(\d\d)-(\d\d)', s):
    print(f"Matched items: {match.groups(1)}")
else:
    print(f"No match found in {s}")
```

这个运算符可以让代码变得更简单、更可读。

下例在控制表达式中使用了成员测试：

```
snack = 'apple'
fruit = {'orange', 'apple', 'pear'}
if snack in fruit:
    print(f"Yeah, {snack} is good!"
Yeah, apple is good!
```

上例首先检查变量snack是否属于集合fruit，若属于，则会打印一段信息。

如果想在控制表达式为False时执行另一个代码块，可以使用else语句。else语句由关键字else加上一个冒号组成，其后的代码块将在控制表达式的值为False时执行。这可以实现代码的逻辑分支，可以理解为程序会根据当前的状态选择要采取的行动。清单5.4在上例if语句的基础上增加了else语句，第二个打印语句只有在表达式snack in fruit为False时才会执行。

清单 5.4　else 语句

```
snack = 'cake'
fruit = {'orange', 'apple', 'pear'}
if snack in fruit:
    print(f"Yeah, {snack} is good!")
else:
    print(f"{snack}!? You should have some fruit")
cake!? You should have some fruit
```

如果想在代码中实现更多的分支，则可以像清单5.5那样嵌套地使用if和else语句。在这个示例当中，可以做出3种选择：当balance为正数、为负数、为0的情况。

清单 5.5　嵌套的 else 语句

```
balance = 2000.32
account_status = None
```

```
if balance > 0:
    account_status = 'Positive'
else:
    if balance == 0:
        account_status = 'Empty'
    else:
        account_status = 'Overdrawn'
print(account_status)
Positive
```

虽然这段代码合法且能得到希望的效果，但可读性仍可提高。要想更准确地描述同一个分支逻辑，可以使用elif语句。这种语句需要加在初始if语句之后，也有它自己的控制表达式，只有在前一个if表达式的值为False时，才会求它自己表达式的值。清单5.6的代码逻辑与清单5.5相同，但将嵌套if和else语句换成了elif语句。

清单 5.6　elif 语句

```
balance = 2000.32
account_status = None

if balance > 0:
    account_status = 'Positive'
elif balance == 0:
    account_status = 'Empty'
else:
    account_status = 'Overdrawn'

print(account_status)
Positive
```

elif语句也可以参照清单5.7在if语句后面连续使用，以实现更复杂的选择。通常而言，一个else语句应该加到这段代码的最后，捕捉所有控制表达式为False的情况。

清单 5.7　连续使用 elif 语句

```
fav_num = 13

if fav_num in (3,7):
    print(f"{fav_num} is lucky")
elif fav_num == 0:
    print(f"{fav_num} is evocative")
elif fav_num > 20:
    print(f"{fav_num} is large")
elif fav_num == 13:
    print(f"{fav_num} is my favorite number too")
```

```
else:
    print(f"I have no opinion about {fav_num}")
13 is my favorite number too
```

5.3 while循环

while循环由关键字while、控制表达式、冒号和一段受控代码块组成。while循环中的受控语句仅在控制表达式的值为True时才会运行，这与if类似。但与if语句不同的是，只要控制条件一直为True，while循环就会重复不断地运行控制代码块。以下代码可在计数器变量小于5时重复执行：

```
counter = 0
while counter < 5:
    print(f"I've counted {counter} so far, I hope there aren't more")
    counter += 1
```

注意变量在每次迭代时加1，以确保循环可以退出。该循环的输出如下所示：

```
I've counted 0 so far, I hope there aren't more
I've counted 1 so far, I hope there aren't more
I've counted 2 so far, I hope there aren't more
I've counted 3 so far, I hope there aren't more
I've counted 4 so far, I hope there aren't more
```

可以看到循环运行了5次，变量每次都有增加。

> **注意**
> 提供循环的退出条件很重要，否则循环将无限地重复下去。

5.4 for循环

for循环用于在一组对象之中进行迭代。这组对象可以是一个循环、一个生成器、一个函数，或者其他任何可迭代的对象，其中可迭代对象指可一次返回一系列项目的对象。for循环常用于多次执行一个代码块，或对序列中的每个元素进行操作。for循环的控制语句包括关键字for、一个变量、关键字in和可迭代对象，最后跟上冒号：

```
for <variable> in <iterable>:
```

<variable>首先会被赋值为<iterable>的第一个值，并用这个值执行受控代码块。然后<variable>将被赋为下一个值再执行。只要<iterable>还有下一个值可供迭代，这就会一直持续下去。

一种常见的用法是将range对象作为for循环的可迭代对象，以多次运行代码块：

```
for i in range(6):
    j = i + 1
    print(j)
1
2
```

```
3
4
5
6
```

上例依次将值0、1、2、3、4、5赋给变量i，分别使用这些值运行代码块。

下例用列表作为可迭代对象：

```
colors = ["Green", "Red", "Blue"]
for color in colors:
    print(f"My favorite color is {color}")
    print("No, wait...")
My favorite color is Green
No, wait...
My favorite color is Red
No, wait...
My favorite color is Blue
No, wait...
```

列表中的每个元素都被代入代码块中，当所有元素都用完时，循环退出。

5.5　break和continue语句

break语句可以用于提前退出while或for循环。在运行到break语句时，当前代码块便停止执行，并退出循环。其常与嵌套的if语句联用。清单5.8展示了控制表达式恒为True的循环，当嵌套的if语句的条件满足时，调用break，并立即停止循环。

清单 5.8　break 语句

```
fish = ['mackerel', 'salmon', 'pike']
beasts = ['salmon', 'pike', 'bear', 'mackerel']
i = 0

while True:
    beast = beasts[i]
    if beast not in fish:
        print(f"Oh no! It's not a fish, it's a {beast}")
        break
    print(f"I caught a {beast} with my fishing net")
    i += 1
I caught a salmon with my fishing net
I caught a pike with my fishing net
Oh no! It's not a fish, it's a bear
```

continue语句在调用时会跳过循环中的一次迭代，也常与嵌套的if语句联用。清单5.9利用continue语句跳过不以b开头的姓名。

清单 5.9 continue 语句

```
for name in ['bob', 'billy', 'bonzo', 'fred', 'baxter']:
    if not name.startswith('b'):
        continue
    print(f"Fine fellow that {name}")
Fine fellow that bob
Fine fellow that billy
Fine fellow that bonzo
Fine fellow that baxter
```

5.6   本章小结

除了简单脚本，if语句、while循环、for循环等复合语句也是代码的基本组成部分。利用代码的分支和循环，可以编写描述复杂行为的代码。现在，我们已经拥有了构建更复杂软件的工具。

5.7   问题

1. 若将变量a设为空列表，下列代码将输出什么结果？

```
if a:
    print(f"Hiya {a}")
else:
    print(f"Biya {a}")
```

2. 若将变量a设为字符串"Henry"，上题中的代码又将输出什么结果？

3. 编写一个for循环，使其输出0到9的整数，但跳过3、5、7。

第 **6** 章

函数

本章要讨论的函数是一种强大的复合语句。函数支持像对象一样为一组代码块命名。这样，代码块就可以根据名称调用，同一个代码块可以在不同地方多次调用。

6.1　定义函数

函数的定义是一个包围着可执行代码块的函数对象。定义本身并不会运行代码块，而只是定义了一个函数。这一定义描述了函数如何被调用，如何命名，需要传递什么参数，被调用时执行什么动作。函数的组成单元包括控制语句、文档字符串（可选）、受控代码块和一个返回语句。

6.1.1　控制语句

函数定义的第一行是控制语句，其形式为：

```
def <Function Name> (<Parameters>):
```

关键字def表示这是一个函数的定义，<Function Name>定义了函数的名称以供调用，<Parameters>定义了可以传入的参数。例如，下列代码定义了一个名为do_nothing的函数，它有一个名为not_used的参数：

```
def do_nothing(not_used):
    pass
```

这个函数只包含一个pass语句，什么都不做。Python风格指南PEP8给出了函数命名的习惯。

6.1.2 文档字符串

函数定义的下一个部分是文档字符串，即这个函数的说明文档。这个部分可以省略，Python编译器也不会考虑这一部分。但是，强烈推荐你对大多数方法提供文档字符串。文档字符串可以在编写函数时表达编写意图，例如这个函数的功能、如何调用等。PEP8指出了文档字符串应包含的内容。文档字符串可以是一行或多行字符串，紧跟在控制语句下方，用3对双引号包围：

```
def do_nothing(not_used):
    """This function does nothing."""
    pass
```

对于单行文档字符串，引号与文本位于同一行。而对于多行文档字符串，引号一般写在文本的上方和下方，如代码清单6.1所示。

清单 6.1　多行文档字符串

```
def do_nothing(not_used):
    """
    This function does nothing.
    This function uses a pass statement to
    avoid doing anything.
    Parameters:
      not_used - a parameter of any type,
                 which is not used.
    """
    pass
```

第一行文档字符串应当概述这个函数的功能，要进行更详细的叙述，可以空一行后再继续补充。在第一行文档字符串后应该写什么，有多种不同的习惯，但通常而言，应该解释这个函数会做什么、需要什么参数、会返回什么结果。文档字符串不仅对阅读代码的人很有用处，对于读取并显示一行或全部代码字符串的许多工具程序也很有帮助。例如，如果对do_nothing()函数调用help()函数，屏幕就会将文档字符串显示出来，如代码清单6.2所示。

清单 6.2　利用 help 查看文档字符串

```
help(do_nothing)
Help on function do_nothing in module __main__:
do_nothing(not_used)

This function does nothing.

This function uses a pass statement to avoid doing anything.
```

```
Parameters:
    not_used - a parameter of any type,
              which is not used.
```

6.1.3 参数

参数支持向函数传值，这些值可以在函数的代码块中使用。参数就好比调用函数时指定的变量，每次调用函数时的参数都可以有所不同。函数也可以不接受任何参数，此时在函数名后跟上一对空括号即可：

```
def no_params():
    print("I don't listen to nobody")
```

调用函数时，便把值传给了函数名后括号内的参数。参数值的设置由值传入的顺序确定，也可以根据关键字确定。函数定义时可以指定参数的传入方式——可以选择其中一种形式，也可以使用两种形式的组合。传入函数的值与定义函数时定义的变量名相关联。清单6.3定义了3个参数：first、second和third，这些变量可在后续代码块中使用，此例中的代码块打印了各个参数的值。

清单 6.3　位置或关键字参数

```
def does_order(first, second, third):
    '''Prints parameters.'''
    print(f'First: {first}')
    print(f'Second: {second}')
    print(f'Third: {third}')

does_order(1, 2, 3)
First: 1
Second: 2
Third: 3

does_order(first=1, second=2, third=3)
First: 1
Second: 2
Third: 3

does_order(1, third=3, second=2)
First: 1
Second: 2
Third: 3
```

清单6.3定义了函数does_order()，并调用了3次。第1次利用参数的位置(1, 2, 3)确定变量的值，即将第1个值赋给第1个参数first，第2个值赋给第2个参数second，第3个值赋给第3个参数third。

第2次调用时，利用关键字显式地指明了每个参数名对应的值(first=1, second=2, third=3)。而第 3 次调用，第 1 个参数是利用位置语法确定的，后 2 个参数是利用关键字语法确定的。注意在这 3 个示例中，各个参数所被分配的值都是相同的。

利用关键字分配参数值时，并不依赖于关键字的顺序。例如，将third=3写在second=2之前，也不会有问题。但不能在位置参数之前使用关键字参数：

```
does_order(second=2, 1, 3)
File "<ipython-input-9-eed80203e699>", line 1
    does_order(second=2, 1, 3)
                          ^
SyntaxError: positional argument follows keyword argument
```

可以要求某些参数只能通过关键字方式传入：在函数定义中、这些变量的左侧加入一个*号即可。所有星号右侧的参数就只能利用关键字方式传入了。清单6.4展示了如何指定third参数为关键字参数，并用关键字语法传参。

清单 6.4   只能用关键字方式传入的参数

```
def does_keyword(first, second, *, third):
    '''Prints parameters.'''
    print(f'First: {first}')
    print(f'Second: {second}')
    print(f'Third: {third}')

does_keyword(1, 2, third=3)
First: 1
Second: 2
Third: 3
```

如果尝试用位置语法调用关键字参数，就会得到错误信息：

```
does_keyword(1, 2, 3)
---------------------------------------------------------------------------
TypeError                                 Traceback (most recent call last)
<ipython-input-15-88b97f8a6c32> in <module>
----> 1 does_keyword(1, 2, 3)

TypeError: does_keyword() takes 2 positional arguments but 3 were given
```

可以在函数定义时，为某个参数指定默认值，这样就可以定义这个参数为可选参数。如果在调用函数时未传入该参数的值，就会使用其默认值。清单6.5定义了does_defaults()函数，第3个参数的默认值为3。然后调用该函数2次，第1次用位置变量指定所有3个参数的值，第2次使用third参数的默认值。

清单 6.5   有默认值的参数

```
def does_defaults(first, second, third=3):
```

```
    '''Prints parameters.'''
    print(f'First: {first}')
    print(f'Second: {second}')
    print(f'Third: {third}')

does_defaults(1, 2, 3)
First: 1
Second: 2
Third: 3


does_defaults(1, 2)
First: 1
Second: 2
Third: 3
```

与位置和关键字参数的排列顺序限制类似，在定义函数时，不能把带默认值的参数写在不带默认值的参数左侧：

```
def does_defaults(first=1, second, third=3):
    '''Prints parameters.'''
    print(f'First: {first}')
    print(f'Second: {second}')
    print(f'Third: {third}')
  File "<ipython-input-19-a015eaeb01be>", line 1
    def does_defaults(first=1, second, third=3):
                      ^
SyntaxError: non-default argument follows default argument
```

默认值在函数定义而非调用时提供。因此如果使用可变对象（如清单或字典）作为默认值，则它会在函数定义时被创建。每次用这个默认值调用函数时，都会使用同一个列表或字典对象，这可能会引发一些意外的问题。清单6.6在定义函数时，用列表作为默认值。代码块向列表增加了元素1。注意每次函数被调用时，列表都保留了上次调用时的值。

清单 6.6 可变默认值

```
def does_list_default(my_list=[]):
    '''Uses list as default.'''
    my_list.append(1)
    print(my_list)

does_list_default()
[1]


does_list_default()
[1, 1]
```

```
does_list_default()
[1, 1, 1]
```

通常，在实践中最好避免使用可变对象作为默认值，以免产生难以追踪的异常和混乱。清单6.7展示了将可变的对象类型作为默认值的常用方式。函数定义时，将默认值设为None，代码块检验这个参数是否被指定了某个值。如果没有，则创建一个新列表，并赋给该变量。由于列表是在代码块内创建的，因此函数每次调用却不为形参传入值时，都会创建一个新的列表。

清单 6.7　在代码块内设置默认值的方式

```
def does_list_param(my_list=None):
    '''Assigns default in code to avoid confusion.'''
    my_list = my_list or []
    my_list.append(1)
    print(my_list)


does_list_param()
[1]


does_list_param()
[1]


does_list_param()
[1]
```

在Python 3.8中，可以限定某个参数只能利用位置指定，函数定义时写在斜杠（/）左侧的参数都必须是位置参数。清单6.8定义了函数does_positional，其中第一个参数first只能是未知参数。

清单 6.8　仅限位置参数（Python 3.8 或更高版本）

```
def does_positional(first, /, second, third):
    '''Demonstrates a positional parameter.'''
    print(f'First: {first}')
    print(f'Second: {second}')
    print(f'Third: {third}')


does_positional(1, 2, 3)
First: 1
Second: 2
Third: 3
```

如果在调用does_positional函数值，用关键字方式指定first参数的值，就会得到错误信息：

```
does_positional(first=1, second=2, third=3)
---------------------------------------------------------------------
TypeError                          Traceback (most recent call last)
```

```
<ipython-input-24-7b1f45f64358> in <module>
----> 1 does_positional(first=1, second=2, third=3)
TypeError: does_positional() got some positional-only arguments passed as
keyword arguments: 'first'
```

清单6.9修改了does_positional函数，同时使用仅限位置参数和仅限关键字参数。参数first是仅限位置参数，second可以通过位置或关键字方式指定，而third只能用关键字方式传入。

清单 6.9　仅限位置参数和仅限关键字参数

```
def does_positional(first, /, second, *, third):
    '''Demonstrates a positional and keyword parameters.'''
    print(f'First: {first}')
    print(f'Second: {second}')
    print(f'Third: {third}')

does_positional(1, 2, third=3)
First: 1
Second: 2
Third: 3
```

可以在函数定义中使用通配符，接受数量不确定的位置参数或关键字参数。这在函数调用外部API函数时很常见，函数可以传入参数，而不要求外部API的参数都有定义。

要想对位置参数使用通配符，需使用星号（*）。清单6.10展示了用位置通配符参数*args定义的函数。代码块可以接受所有传入的位置参数，并将其转换为名为args的列表。这个函数遍历列表中的每个元素并输出。在清单中可看到，函数调用时传入了参数'Donkey'、3、['a']，而它们都可以在列表中访问并输出。

清单 6.10　位置通配符参数

```
def does_wildcard_positions(*args):
    '''Demonstrates wildcard for positional parameters.'''
    for item in args:
        print(item)

does_wildcard_positions('Donkey', 3, ['a'])
Donkey
3
['a']
```

要定义关键字通配符参数，需要定义以**开头的参数。例如，清单6.11定义了函数does_wildcard_keywords函数，它以**kwargs作为参数。在代码块中，关键字参数可以通过字典kwargs的键值进行访问。

清单 6.11   关键字通配符参数

```python
def does_wildcard_keywords(**kwargs):
    '''Demonstrates wildcard for keyword parameters.'''
    for key, value in kwargs.items():
        print(f'{key} : {value}')

does_wildcard_keywords(one=1, name='Martha')
one : 1
name : Martha
```

在同一个函数中同时使用位置通配符参数和关键字通配符参数，需要先定义位置参数，再定义关键字参数。清单6.12展示了同时使用位置参数和关键字参数的函数。

清单 6.12   位置和关键字通配符参数

```python
def does_wildcards(*args, **kwargs):
    '''Demonstrates wildcard parameters.'''
    print(f'Positional: {args}')
    print(f'Keyword: {kwargs}')

does_wildcards(1, 2, a='a', b=3)
Positional: (1, 2)
Keyword: {'a': 'a', 'b': 3}
```

6.1.4   返回语句

返回语句定义了函数调用时的返回值。返回语句由关键字return和一个表达式组成，这个表达式可以是一个简单的值，也可以是一个较为复杂的运算，还可以是另一个函数的调用。清单6.13定义的函数以一个数值作为参数，返回该数值加1的运算结果。

清单 6.13   返回值

```python
def adds_one(some_number):
    '''Demonstrates return statement.'''
    return some_number + 1

adds_one(1)
2
```

每个Python函数都有返回值，如果没有显式定义返回语句，则函数将返回特殊值None：

```python
def returns_none():
    '''Demonstrates default return value.'''
    pass
```

```
returns_none() == None
True
```

上例省略了返回语句，并检验返回值是否为None。

6.2 函数的作用域

作用域是指代码中对象的可用范围。定义于全局作用域的变量在整个代码中都可用，而定义于局部作用域的变量仅在该作用域中才可用。清单6.14定义了变量outer和inner，这两个变量在shows_scope函数代码块的内部均可用，都可以被输出。

清单 6.14 局部与全局作用域

```
outer = 'Global scope'

def shows_scope():
    '''Demonstrates local variable.'''
    inner = 'Local scope'
    print(outer)
    print(inner)

shows_scope()
Global scope
Local scope
```

变量inner局限于函数局部，因为它是在函数的代码块中定义的。如果尝试在函数外部调用inner变量，则会发现它未被定义：

```
print(inner)
------------------------------------------------------------------------
NameError                                 Traceback (most recent call last)
<ipython-input-39-9504624e1153> in <module>
----> 1 print(inner)
NameError: name 'inner' is not defined
```

理解作用域对使用6.3节讲解的装饰器非常有帮助。

6.3 装饰器

装饰器支持设计能修改其他函数的函数，常用于根据某种集合规范或利用第三方库建立日志。虽然你可能不需要自己编写装饰器，但理解它们如何工作是很有帮助的，本节将简单介绍其中涉及的概念。

在Python中，一切事物都是对象，函数也是如此，因此可以让变量表示一个函数。清单6.15定义了函数add_one(n)，其作用是将输入的数值加1，然后定义了变量my_func，其值即为函数add_one()。

清单 6.15　作为变量值的函数

```
def add_one(n):
    '''Adds one to a number.'''
    return n + 1

my_func = add_one
print(my_func)
<function add_one at 0x1075953a0>

my_func(2)
3
```

由于函数也是对象，因此可以将其加入字典或列表等数据结构。清单6.16定义了两个函数，并将它们加入变量my_functions指向的列表，然后迭代此列表，在for循环的每次迭代中，将相应的函数赋给变量my_func，并调用这个函数。

清单 6.16　调用列表中的函数

```
def add_one(n):
    '''Adds one to a number.'''
    return n + 1

def add_two(n):
    '''Adds two to a number.'''
    return n + 2

my_functions = [add_one, add_two]

for my_func in my_functions:
    print(my_func(1))
2
3
```

Python支持在一个函数的代码块内部定义另一个函数，用这种方式定义的函数称为内嵌函数。清单6.17在called_nested()函数的代码块内定义了函数nested()，这个内嵌函数又作为外层函数的返回值。

清单 6.17 嵌套函数

```
def call_nested():
    '''Calls a nested function.'''
    print('outer')

    def nested():
        '''Prints a message.'''
        print('nested')

    return nested

my_func = call_nested()
outer
my_func()
nested
```

也可以将一个函数包装在另一个函数内部，并在前后增加一些功能。清单6.18将函数add_one(number)包装在函数wrapper(number)内部。外层函数需要一个参数number，它会将这个参数传递到内层函数中，而外层函数在调用add_one(number)前后还有一些语句。可以从输出中看到调用wrapper(1)前后打印语句的执行顺序，以及add_one函数返回的值——1和2。

清单 6.18 闭包函数

```
def add_one(number):
    '''Adds to a number.'''
    print('Adding 1')
    return number + 1

def wrapper(number):
    '''Wraps another function.'''
    print('Before calling function')
    retval = add_one(number)
    print('After calling function')
    return retval

wrapper(1)
Before calling function
Adding 1
After calling function
2
```

还可以将函数作为参数，即把函数当作值，传递到另一个函数中。在函数内定义一个嵌套函数，就可将传入的函数包装起来。如清单6.19所示，首先参照清单6.18定义函数add_one(number)，然后在新函数do_wrapping(some_func)的代码块中用嵌套函数的方式定义函数wrapper(number)。函数do_wrapping（home_func）以一个函数作为参数，并在wrapper(number)的定义中使用了这个函数，最后返回wrapper(number)的新版本。将返回的结果赋给一个变量，然后进行调用，就可以看到包装的结果。

清单 6.19　嵌套包装函数

```
def add_one(number):
    '''Adds to a number.'''
    print('Adding 1')
    return number + 1


def do_wrapping(some_func):
    '''Returns a wrapped function.'''
    print('wrapping function')

    def wrapper(number):
        '''Wraps another function.'''
        print('Before calling function')
        retval = some_func(number)
        print('After calling function')
        return retval

    return wrapper

my_func = do_wrapping(add_one)
wrapping function

my_func(1)
Before calling function
Adding 1
After calling function
2
```

可以利用do_wrapping(some_func)来包围任何函数。例如，如果有一个新函数add_two(number)，就可以像刚刚add_one(number)的做法一样，将其作为一个参数传入：

```
my_func = do_wrapping(add_two)
my_func(1)
wrapping function
Before calling function
Adding 2
After calling function
3
```

　　装饰器语法可以简化这种函数包装：不需要调用do_wrapping(some_func)、将其赋给一个变量，再用这个变量调用函数，而只需要将@do_wrapping加在函数定义上方。这样，函数add_one(number)就可以直接调用，而函数包装可以在后台自动进行。

　　在清单6.20中，add_one(number)的包装方式与清单6.18相似，但采用了更简单的装饰器语法。

清单 6.20　装饰器语法

```
def do_wrapping(some_func):
    '''Returns a wrapped function.'''
    print('wrapping function')

    def wrapper(number):
        '''Wraps another function.'''
        print('Before calling function')
        retval = some_func(number)
        print('After calling function')
        return retval

    return wrapper
@do_wrapping
def add_one(number):
    '''Adds to a number.'''
    print('Adding 1')
    return number + 1
wrapping function

add_one(1)
Before calling function
Adding 1
After calling function
2
```

6.4　匿名函数

　　在定义函数的大多数情况下，人们都想要使用具名函数的语法，目前我们所做的皆是如此。但还有另一种选择：使用没有名字的匿名函数。在Python语言中，匿名函数也称为lambda函数，其语法如下：

```
lambda <parameter>: <statement>
```

　　其中，lambda是表示lambda函数的关键字，<parameter>表示输入参数，<statement>表示要利用这个参数执行的语句，而<statement>的结果就是返回值。如果想定义一个向输入值加1的lambda函数，可以这样编写：

```
lambda x: x + 1
```

通常，避免使用lambda函数可以让代码更易读、易用、易调试，但当一个简单函数需要作为另一个函数的参数时，lambda函数就很有用了。清单6.21定义了函数apply_to_list(data, my_func)，它需要一个列表和一个函数作为参数。如果想对列表中的所有元素加1，则利用lambda函数进行调用是比较简洁的方案。

清单 6.21　lambda 函数

```
def apply_to_list(data, my_func):
    '''Applies a function to items in a list.'''
    for item in data:
        print(f'{my_func(item)}')

apply_to_list([1, 2, 3], lambda x: x + 1)
2
3
4
```

6.5　本章小结

函数是可重复使用的具有名称的代码块，是构建复杂程序的重要组成部分。函数可用文档字符串进行注释，可以用多种方式接受参数，利用返回语句在执行结束时进行传值。装饰器是包装另一个函数的特殊函数。匿名函数或lambda函数是一种不具有名称的函数。

6.6　问题

试根据清单6.22，回答1～3题。

清单 6.22　1~3 题的函数

```
def add_prefix(word, prefix='before-'):
    '''Prepend a word.'''
    return f'{prefix}{word}'3

def return_one():
    return 1

def wrapper():
    print('a')
    retval = return_one()
    print('b')
    print(retval)
```

1. 下列调用的输出是什么?

```
add_prefix('nighttime', 'after-')
```

2. 下列调用的输出是什么?

```
add_prefix('nighttime')
```

3. 下列调用的输出是什么?

```
add_prefix()
```

4. 要想用函数standard_logging装饰另一个函数,应该在其定义上方加上下列哪个代码?

```
*standard_logging
**standard_logging
@standard_logging
[standard_logging]
```

5. 下列调用的输出是什么?

```
wrapper()
```

第 II 部分

数据科学库

第 **7** 章

NumPy

本章内容
- ❏ 第三方库简介
- ❏ 创建 NumPy 数组
- ❏ 数组的索引与切片
- ❏ 过滤数组数据
- ❏ 数组的方法
- ❏ 广播
- ❏ NumPy 的数学运算

这是本书介绍数据科学库的首章。本书前面探索的功能已使Python成为一种强大的通用语言。第Ⅱ部分介绍的库，更使得Python在数据科学领域占有支配地位。我们要研究的第一个库是NumPy，这是很多其他数据科学库的基础。先来学习一种高效的多维数据结构—NumPy数组。

第三方库

  Python代码以库的形式组织。前面章节看到的所有功能都属于Python标准库，是任何Python安装包的一部分，而第三方库的功能远超于此。第三方库由维护Python的组织以外的团体开发和维护，这些团体和库创造了一个生机勃勃的生态环境，使Python屹立于程序的世界。许多库都可在Colab环境中使用，并可以方便地引进文件。如果在非Colab环境中工作，就可能需要安装这些库，通常可利用Python包管理器pip进行安装和管理。

7.1 安装并引入NumPy

NumPy已预装在Colab环境中，只需要引入即可。如果在非Colab环境中工作，则可以用多种方式进行安装（参见SciPy网站中的安装说明），最常见的方法是利用pip：

```
pip install numpy
```

安装NumPy之后，就可以进行引入。在引入一个库时，可以利用关键字as修改其在代码环境中的名称。在引入NumPy时通常将其重命名为np：

```
import numpy as np
```

安装、引入之后，就可以利用np对象使用NumPy的所有功能。

7.2 创建数组

NumPy数组是专为处理大规模数据集的操作而设计的数据结构。数据集的维数不定，可包含不同的数据类型（但同一个对象只能包含一种数据类型）。NumPy数组常用于其他很多库的输入与输出，也常用于数据科学领域的其他数据结构的底层基础，例如pandas和SciPy中的数据结构。

可以利用其他数据结构或一组值来初始化数组。清单7.1展示了创建一维数组的多种方式。从中可以看到，输出的数组对象将一个内部列表作为其数据。数据事实上并非存储于列表中，但这种表示方式使数组更易读。

清单 7.1 创建数组

```
np.array([1,2,3])     # 利用列表创建数组
array([1, 2, 3])

np.zeros(3)          # 全零数组
array([0., 0., 0.])

np.ones(3)           # 全一数组
array([1., 1., 1.])

np.empty(3)          # 任意值数组
array([1., 1., 1.])

np.arange(3)         # 利用 range 定义的数组
array([0, 1, 2])

np.arange(0, 12, 3)  # 利用 range 定义的数组
array([0, 3, 6, 9])

np.linspace(0, 21, 7) # 区间上的数组
array([ 0. , 3.5, 7. , 10.5, 14. , 17.5, 21. ])
```

数组有维数的概念。一维数组只有一个维数（即元素的数量用一个数字表示）。对于np.array方法而言，这个维数与作为输入的列表的长度相等。而对于np.zeros, np.ones和np.empty方法而言，这个维数是需要显式提供的参数。

利用np.range方法创建数组，与用range创建序列的方法类似。其结果的维度和值与用range创

建的序列匹配。可以指定初值、终值和步长。

  np.linspace方法可创建由某区间中均匀分布的数值所构成的列表。前两个参数定义区间端点，第三个参数定义元素的数量。

  np.empty方法在创建大数组时很有用。但请记住，此时其中的数据可能是任意值，只有在替换所有原始数据之后才能使用。

  清单7.2展示了数组的一些属性。

清单 7.2　数组的属性

```
oned = np.arange(21)
oned
array([ 0,  1,  2,  3,  4,  5,  6,  7,  8,  9, 10,
       11, 12, 13, 14, 15, 16, 17, 18, 19, 20 ])

oned.dtype   # 数据类型
dtype('int64')

oned.size    # 元素数量
21

oned.nbytes  # 数组元素所占用的内存（字节数）
168

oned.shape   # 各维度的元素数量
(21,)

oned.ndim    # 维数的数量
1
```

  查看数组的数据类型，可知其为np.ndarray：

```
type(oned)
numpy.ndarray
```

> **注意**
> ndarray是n维数组的英文"n-dimensional array"的缩写。

  前文提到可以创建多维数组。二维数组常用作矩阵。清单7.3利用3个含3个元素的列表创建了1个二维数组。从结果数组可看出其大小为3×3，维数为2。

清单 7.3　从列表创建矩阵

```
list_o_lists = [[1,2,3],
                [4,5,6],
```

```
        [7,8,9]]
twod = np.array(list_o_lists)
twod
array([[1, 2, 3],
       [4, 5, 6],
       [7, 8, 9]])


twod.shape
(3, 3)


twod.ndim
2
```

　　可以用reshape方法创建元素相同但维数不同的数组，这一方法的参数是新数组各维度的长度。清单7.4展示了用一维数组创建二维数组，以及利用二维数组创建一维数组和三维数组的方法。

清单 7.4　使用 reshape 方法

```
oned = np.arange(12)
oned
array([ 0, 1, 2, 3, 4, 5, 6, 7, 8, 9, 10, 11])


twod = oned.reshape(3,4)
twod
array([[ 0, 1, 2, 3],
       [ 4, 5, 6, 7],
       [ 8, 9, 10, 11]])


twod.reshape(12)
array([ 0, 1, 2, 3, 4, 5, 6, 7, 8, 9, 10, 11])

twod.reshape(2,2,3)
array([[[ 0, 1, 2],
        [ 3, 4, 5]],
       [[ 6, 7, 8],
        [ 9, 10, 11]]])
```

　　提供的新数组各维度的长度必须与元素的数量一致。例如，如果试图将包含12个元素的数组twod变形为不是12个元素的数组，就会得到错误信息：

```
twod.reshape(2,3)
----------------------------------------------------------------
ValueError                          Traceback (most recent call last)
<ipython-input-295-0b0517f762ed> in <module>
----> 1 twod.reshape(2,3)
```

```
ValueError: cannot reshape array of size 12 into shape (2,3)
```

reshape方法常与np.zeros、np.ones、np.empty方法连用，以创建含有默认值的多维数组。例如，可以参照下例创建全1的三维数组：

```
np.ones(12).reshape(2,3,2)
array([[[1., 1.],
        [1., 1.],
        [1., 1.]],

       [[1., 1.],
        [1., 1.],
        [1., 1.]]])
```

7.3 索引与切片

可以利用索引（indexing）和切片（slicing）访问数组中的元素。在清单7.5中，一维数组的索引和切片与列表完全相同。可以提供从首或尾起算的索引来定位单个元素，也可以利用切片访问多个元素。

清单 7.5　一维数组的索引与切片

```
oned = np.arange(21)
oned
array([ 0,  1,  2,  3,  4,  5,  6,  7,  8,  9, 10,
       11, 12, 13, 14, 15, 16, 17, 18, 19, 20])


oned[3]
3


oned[-1]
20


oned[3:9]
array([3, 4, 5, 6, 7, 8])
```

可以为多维数组的每个维度提供一个参数。若省略某一维的参数，则默认为取该维度的所有元素。因此，若对二维数组提供一个参数，则该数值表示要返回哪一行数据。若对每个维度都提供一个参数，则会返回一个元素。也可以在任何维度进行切片，这样就会得到元素的子数组，其维数由切片的长度决定。清单7.6展示了二维数组索引和切片的多种方式。

清单 7.6　二维数组的索引和切片

```
twod = np.arange(21).reshape(3,7)
twod
array([[ 0,  1,  2,  3,  4,  5,  6],
       [ 7,  8,  9, 10, 11, 12, 13],
```

```
      [14, 15, 16, 17, 18, 19, 20]])

twod[2]              # 访问第 2 行（从 0 开始计数，下同）
array([14, 15, 16, 17, 18, 19, 20])

twod[2, 3]           # 访问第 2 行第 3 列的元素
17

twod[0:2]            # 访问第 0、第 1 行
array([[ 0,  1,  2,  3,  4,  5,  6],
      [ 7,  8,  9, 10, 11, 12, 13]])

twod[:, 3]           # 访问各行的第 3 列
array([ 3, 10, 17])

twod[0:2, -3:]       # 访问第 0、第 1 行的后三列
array([[ 4,  5,  6],
      [11, 12, 13]])
```

可以利用索引和切片，向已有数组赋予新的值，这与列表的操作基本是一致的。如果对切片赋值，则整个切片都会更新为新值。

清单7.7展示了如何更新二维数组的单个值或切片。

清单 7.7   更新数组中的值

```
twod = np.arange(21).reshape(3,7)
twod
array([[ 0,  1,  2,  3,  4,  5,  6],
      [ 7,  8,  9, 10, 11, 12, 13],
      [14, 15, 16, 17, 18, 19, 20]])

twod[0,0] = 33
twod
array([[33,  1,  2,  3,  4,  5,  6],
      [ 7,  8,  9, 10, 11, 12, 13],
      [14, 15, 16, 17, 18, 19, 20]])

twod[1:,:3] = 0
array([[33, 1, 2,  3,  4,  5,  6],
      [ 0, 0, 0, 10, 11, 12, 13],
      [ 0, 0, 0, 17, 18, 19, 20]])
```

7.4 逐元素运算

数组并不是序列。虽然数组与列表有一些共同特征，将数组看作列表的列表可能比较易于思

考，但数组与序列还是有许多不同点的，区别之一就是两个数组和两个序列运算的方式。

对序列进行乘法等运算时，这个运算是针对整个序列，而非其内容的。因此，若将一个列表乘以0，则会返回一个长度为0的列表：

```
[1, 2, 3]*0
[]
```

即使两个列表长度相等，也不能进行乘法运算。

```
[1, 2, 3]*[4, 5, 6]
---------------------------------------------------------------------------
TypeError                                 Traceback (most recent call last)
<ipython-input-325-f525a1e96937> in <module>
----> 1 [1, 2, 3]*[4, 5, 6]

TypeError: can't multiply sequence by non-int of type 'list'
```

可以编写代码对两个代码的元素进行运算，例如清单7.8展示了如何利用循环迭代两个列表中的元素，创建第三个包含乘法运算结果的列表。zip()函数用于将两个列表结合成位元组列表，每个元组都是由原列表的对应元素组成的。

清单 7.8 列表的逐元素运算

```
L1 = list(range(10))
L2 = list(range(10, 0, -1))
L1
[0, 1, 2, 3, 4, 5, 6, 7, 8, 9]

L2
[10, 9, 8, 7, 6, 5, 4, 3, 2, 1]

L3 = []
for i, j in zip(L1, L2):
    L3.append(i*j)
L3
[0, 9, 16, 21, 24, 25, 24, 21, 16, 9]
```

虽然可以利用循环进行列表的逐元素运算，但利用NumPy数组进行这一操作更为简单。数组默认进行逐元素运算。清单7.9展示了两个数组的乘法、加法和除法运算，注意每个运算都是在数组中的对应元素之间进行的。

清单 7.9 数组的逐元素运算

```
array1 = np.array(L1)
array2 = np.array(L2)
array1*array2
array([ 0, 9, 16, 21, 24, 25, 24, 21, 16, 9])
```

```
array1 + array2
array([10, 10, 10, 10, 10, 10, 10, 10, 10, 10])

array1 / array2
array([0. ,  0.11111111, 0.25      ,  0.42857143, 0.66666667,
       1. ,  1.5       , 2.33333333, 4.        , 9.        ])
```

7.5　过滤值

　　NumPy数组和建立于其上的数据结构的一个常用功能，就是根据用户选择的条件对值进行过滤。这样，便可以利用数组回答一些关于数据的问题。

　　清单7.10展示了一个整数二维数组twod。另一个数组mask与twod的维数相同，但内容为布尔值，mask指定了要返回twod中的哪些元素。结果数组只包含twod在mask的值为True时的对应元素。

清单 7.10　利用布尔型进行过滤

```
twod = np.arange(21).reshape(3,7)
twod
array([[ 0,  1,  2,  3,  4,  5,  6],
       [ 7,  8,  9, 10, 11, 12, 13],
       [14, 15, 16, 17, 18, 19, 20]])

mask = np.array([[ True, False, True, True, False, True, False],
                 [ True, False, True, True, False, True, False],
                 [ True, False, True, True, False, True, False]])
twod[mask]
array([ 0, 2, 3, 5, 7, 9, 10, 12, 14, 16, 17, 19])
```

　　前面学到的比较运算符可返回一个布尔值，也可以用于数组之间的比较。如下所示，若将小于运算符（<）用于twod数组，则会返回一个带True的数组，每个元素均表示原数组中相应元素是否小于5。

```
twod < 5
```

　　可以将此结果作为掩码，只取比较结果为True的值。例如，清单7.11创建了一个掩码，并返回twod数组中小于5的值。

清单 7.11　利用比较运算进行筛选

```
mask = twod < 5
mask
array([[ True,  True,  True,  True],
       [ True, False, False, False],
       [False, False, False, False]])
```

```
twod[mask]
array([0, 1, 2, 3, 4])
```

正如你所看到的,利用比较运算符可以简单地从数据中提取值。也可以将一些比较结合起来,创建更加复杂的掩码。清单7.12利用&将两个条件连接起来创建掩码,只有同时符合两个条件时结果才为True。

清单 7.12　利用多个比较进行筛选

```
mask = (twod < 5) & (twod%2 == 0)
mask
array([[ True, False,  True, False],
       [ True, False, False, False],
       [False, False, False, False]])


twod[mask]
array([0, 2, 4])
```

> **注意**
> 利用掩码进行筛选的过程将在后续章节反复使用,尤其是在pandas的数据框中,这种数据结构就建立于NumPy数组之上。有关数据框的知识参见第9章。

7.6　视图与拷贝

NumPy数组的设计适用于高效处理大规模数据集,其中一个体现就是视图的使用。如果可能,在对数组切片或过滤时,返回的数组是一个视图,而不是拷贝。视图从不同角度看待相同的数据,在每次切片和过滤时,并不会使用内存和处理能力来建立数据的拷贝,理解这一点非常重要。如果修改了数组视图中的某个值,则它在原数组中的值和在视图中的值都会被修改。例如清单7.13中创建了数组data1的切片,并将其命名为data2,然后再将data2中的值11替换成-1。如果此时回看data1,会发现值11也被替换成了-1。

清单 7.13　修改视图中的值

```
data1 = np.arange(24).reshape(4,6)
data1
array([[ 0,  1,  2,  3,  4,  5],
       [ 6,  7,  8,  9, 10, 11],
       [12, 13, 14, 15, 16, 17],
       [18, 19, 20, 21, 22, 23]])


data2 = data1[:2,3:]
data2
```

```
array([[ 3,  4,  5],
       [ 9, 10, 11]])

data2[1,2] = -1
data2
array([[ 3,  4,  5],
       [ 9, 10, -1]])

data1
array([[ 0,  1,  2,  3,  4,  5],
       [ 6,  7,  8,  9, 10, -1],
       [12, 13, 14, 15, 16, 17],
       [18, 19, 20, 21, 22, 23]])
```

这一行为容易造成缺陷和计算错误，但如果了解这一特性，就能在处理大规模数据集时得到显著的好处。例如想在切片或过滤操作中修改数据，而不想修改原数组中的值，就需要建立一个拷贝。例如，在清单7.14中，可以看到元素在拷贝中已经修改，而原数组不变。

清单 7.14   在拷贝中修改值

```
data1 = np.arange(24).reshape(4,6)
data1
array([[ 0,  1,  2,  3,  4,  5],
       [ 6,  7,  8,  9, 10, 11],
       [12, 13, 14, 15, 16, 17],
       [18, 19, 20, 21, 22, 23]])

data2 = data1[:2,3:].copy()
data2
array([[ 3,  4,  5],
       [ 9, 10, 11]])

data2[1,2] = -1
data2
array([[ 3,  4,  5],
       [ 9, 10, -1]])

data1
array([[ 0,  1,  2,  3,  4,  5],
       [ 6,  7,  8,  9, 10, 11],
       [12, 13, 14, 15, 16, 17],
       [18, 19, 20, 21, 22, 23]])
```

7.7 数组的一些方法

　　NumPy数组具有一些内置的方法，可以获取统计汇总数据，或进行矩阵运算。清单7.15展示了生成统计汇总数据的方法，包括获取最大值、最小值、总和、平均值和标准差。若不指定对哪一维进行运算，结果就是针对整个数组的。若指定axis的值为1，则返回每一行的结果；而若指定axis的值为0，则返回每一列的结果。

清单 7.15　数据自省

```
data = np.arange(12).reshape(3,4)
data
array([[ 0,  1,  2,  3],
       [ 4,  5,  6,  7],
       [ 8,  9, 10, 11]])

data.max()              # 最大值
11

data.min()              # 最小值
0

data.sum()              # 所有值的和
66

data.mean()             # 所有值的平均数
5.5

data.std()              # 标准差
3.452052529534663

data.sum(axis=1)        # 各行的和
array([ 6, 22, 38])

data.sum(axis=0)        # 各列的和
array([12, 15, 18, 21])

data.std(axis=0)        # 各行的标准差
array([3.26598632, 3.26598632, 3.26598632, 3.26598632])

data.std(axis=1))       # 各列的标准差
array([1.11803399, 1.11803399, 1.11803399])
```

　　清单7.16展示了数组支持的一些矩阵运算，包括返回矩阵的转置、矩阵乘法、对角元素。需要记住的是，若对两个数组使用乘法运算符（*），其结果是逐元素的乘积运算。若要计算两个矩阵的点积，则需要使用@运算符，或.dot()方法。

清单 7.16   矩阵运算

```
A1 = np.arange(9).reshape(3,3)
A1
array([[0, 1, 2],
       [3, 4, 5],
       [6, 7, 8]])


A1.T                # 转置
array([[0, 3, 6],
       [1, 4, 7],
       [2, 5, 8]])


A2 = np.ones(9).reshape(3,3)
array([[1., 1., 1.],
       [1., 1., 1.],
       [1., 1., 1.]])


A1 @ A2          # 矩阵乘法
array([[ 3.,  3.,  3.],
       [12., 12., 12.],
       [21., 21., 21.]])


A1.dot(A2)        # 点积
array([[ 3.,  3.,  3.],
       [12., 12., 12.],
       [21., 21., 21.]])


A1.diagonal() # 对角元素
array([0, 4, 8])
```

与多数序列类型不同，一个数组只能容纳一种数据类型的元素，不能创建同时包含字符串和整型数据的数组。如果不指定数据类型，NumPy会根据数据猜测其类型。如清单7.17所示，从整型数据创建数组，NumPy会将数据类型设为int64。若查看其nbytes属性，可知数组占用了800字节的内存。

清单 7.17   自动设置数据类型

```
darray = np.arange(100)
darray
array([ 0, 1,  2,  3,  4,  5,  6,  7,  8,  9, 10, 11, 12, 13, 14, 15, 16,
       17, 18, 19, 20, 21, 22, 23, 24, 25, 26, 27, 28, 29, 30, 31, 32, 33,
       34, 35, 36, 37, 38, 39, 40, 41, 42, 43, 44, 45, 46, 47, 48, 49, 50,
```

```
          51, 52, 53, 54, 55, 56, 57, 58, 59, 60, 61, 62, 63, 64, 65, 66, 67,
          68, 69, 70, 71, 72, 73, 74, 75, 76, 77, 78, 79, 80, 81, 82, 83, 84,
          85, 86, 87, 88, 89, 90, 91, 92, 93, 94, 95, 96, 97, 98, 99])
```

```
darray.dtype
dtype('int64')
```

```
darray.nbytes
800
```

　　对于大规模数据集，可以通过显式设置数据类型控制总内存的占用。int8数据类型可表示-128到127之间的整数，对于元素取值为0~99的数组已足够用了。可以在创建时利用参数dtype设置数组的数据类型。如清单7.18所示，这样做可将数据内存降低至100字节。

清单 7.18　显式设置数据类型

```
darray = np.arange(100, dtype=np.int8)
darray
array([ 0, 1, 2, 3, 4, 5, 6, 7, 8, 9, 10, 11, 12, 13, 14, 15, 16,
        17, 18, 19, 20, 21, 22, 23, 24, 25, 26, 27, 28, 29, 30, 31, 32, 33,
        34, 35, 36, 37, 38, 39, 40, 41, 42, 43, 44, 45, 46, 47, 48, 49, 50,
        51, 52, 53, 54, 55, 56, 57, 58, 59, 60, 61, 62, 63, 64, 65, 66, 67,
        68, 69, 70, 71, 72, 73, 74, 75, 76, 77, 78, 79, 80, 81, 82, 83, 84,
        85, 86, 87, 88, 89, 90, 91, 92, 93, 94, 95, 96, 97, 98, 99],
        dtype=int8)
```

```
darray.nbytes
100
```

> **注意**
> 更多NumPy数据类型参见其官方网站。

　　由于数组只能储存一种数据类型，因此不能将无法转换成该数据类型的数据插入数组。例如，若尝试将字符串插入int8数组，就会得到错误信息：

```
darray[14] = 'a'
-------------------------------------------------------------------
ValueError                              Traceback (most recent call last)
<ipython-input-335-17df5782f85b> in <module>
----> 1 darray[14] = 'a'

ValueError: invalid literal for int() with base 10: 'a'
```

　　如果将某个更细粒度的数据插入数组，会产生关于数组类型的一种微妙错误，而导致数据丢失。例如，若将浮点数0.5插入int8数组中：

```
darray[14] = 0.5
```

浮点数0.5就会自动转换为整型，值变为0：

```
darray[14]
0
```

因此，在决定最佳数据类型之前，必须充分理解数据。

7.8　广播

不同维数的数组之间也可能进行运算。当两个数组的维数相等，或至少一个数组的一个维数为1时，就可以进行运算。清单7.19采用3种方式对数组A1的所有元素加1：第1种是采用同维数(3, 3)的全一数组；第2种是采用维数为(1, 3)的一维数组；第3种是使用整数1。

清单 7.19　广播

```
A1 = np.array([[1,2,3],
               [4,5,6],
               [7,8,9]])
A2 = np.array([[1,1,1],
               [1,1,1],
               [1,1,1]])

A1 + A2
array([[ 2,  3,  4],
       [ 5,  6,  7],
       [ 8,  9, 10]])


A2 = np.array([1,1,1])
A1 + A2
array([[ 2,  3,  4],
       [ 5,  6,  7],
       [ 8,  9, 10]])


A1 + 1
array([[ 2,  3,  4],
       [ 5,  6,  7],
       [ 8,  9, 10]])
```

这3种方法的结果都相同，均可得到一个维数为(3, 3)的数组。这种方式称为广播，其可将一维数组进行扩展，以适合更高的维数。如果对维数为(1, 3, 4, 4)和(5, 3, 4, 1)的数据进行运算，结果数组的维数将为(5, 3, 4, 4)。若维数不同，但都不为1，就不能进行广播。

清单7.20 对维数为(2, 1, 5)和(2, 7, 1)的数组进行运算，结果数组的维数为(2, 7, 5)。

清单 7.20 扩展维数

```
A4 = np.arange(10).reshape(2,1,5)
A4
array([[[0, 1, 2, 3, 4]],

       [[5, 6, 7, 8, 9]]])

A5 = np.arange(14).reshape(2,7,1)
A5
array([[[ 0],
        [ 1],
        [ 2],
        [ 3],
        [ 4],
        [ 5],
        [ 6]],
       [[ 7],
        [ 8],
        [ 9],
        [10],
        [11],
        [12],
        [13]]])

A6 = A4 - A5
A6
array([[[ 0,  1,  2,  3,  4],
        [-1,  0,  1,  2,  3],
        [-2, -1,  0,  1,  2],
        [-3, -2, -1,  0,  1],
        [-4, -3, -2, -1,  0],
        [-5, -4, -3, -2, -1],
        [-6, -5, -4, -3, -2]],

       [[-2, -1,  0,  1,  2],
        [-3, -2, -1,  0,  1],
        [-4, -3, -2, -1,  0],
        [-5, -4, -3, -2, -1],
        [-6, -5, -4, -3, -2],
        [-7, -6, -5, -4, -3],
        [-8, -7, -6, -5, -4]]])
A6.shape
(2, 7, 5)
```

7.9 NumPy代数

作为对NumPy数组的补充，NumPy库提供了许多数学函数，例如三角函数、对数函数、算术函数等。这些函数都针对NumPy数组而设计，常与其他库中的数据类型并用。本节简单探讨一下NumPy多项式。

NumPy提供了poly1d类，可表达一元多项式。要利用这个类，需要首先从NumPy中引入：

```
from numpy import poly1d
```

然后就可以创建多项式对象了，参数就是各项系数：

```
poly1d((4,5))
poly1d([4, 5])
```

打印poly1d对象时，屏幕上会模拟多项式的形式：

```
c = poly1d([4,3,2,1])
print(c)
   3     2
4 x + 3 x + 2 x + 1
```

若第二个参数提供为True，则前一个参数会被认为是多项式的零点（根），而非系数。下例创建了多项式(x–4)(x–3)(x–2)(x–1)的展开结果：

```
r = poly1d([4,3,2,1], True)
print(r)
  4      3      2
1 x - 10 x + 35 x - 50 x + 24
```

可以用参数的形式向这个对象本身提供x值，以求出多项式的值。例如，当x等于5时，求这个多项式的值：

```
r(5)
24.0
```

poly1d类允许在多个多项式之间进行运算，例如加法和乘法。这个类也提供了一些特殊的方法，扩展多项式运算的功能。清单7.21展示了多项式类的一些用法。

清单 7.21 多项式

```
p1 = poly1d((2,3))
print(p1)
2 x + 3

p2 = poly1d((1,2,3))
print(p2)
   2
1 x + 2 x + 3
```

```
print(p2*p1)            # 多项式乘法
   3     2
2 x + 7 x + 12 x + 9

print(p2.deriv())       # 求导
2 x + 2

print(p2.integ())       # 求积分
      3     2
0.3333 x + 1 x + 3 x
```

poly1d类只是NumPy工具箱中所提供的众多专门数学工具之一。后续章节将讲解这些工具如何与另一些专业工具联合使用。

7.10　本章小结

第三方库NumPy是Python在数据科学领域的常用工具。即使不直接使用NumPy数组，也会经常遇见它，因为它是许多其他库的基本单元。SciPy、pandas等一些库都建立在NumPy数组之上。NumPy数组的维数不定，数据类型也比较灵活。可以通过控制数据类型来控制其对内存的消耗。NumPy数组的设计适于处理大规模数据集。

7.11　问题

1. 说出NumPy数组与Python列表的3个不同点。
2. 对于下列代码，d2的最终值是什么？

```
d1 = np.array([[0, 1, 3],
               [4, 2, 9]])
d2 = d1[:, 1:]
```

3. 对于下列代码，d1[0, 2]的最终值是什么？

```
d1 = np.array([[0, 1, 3],
               [4, 2, 9]])
d2 = d1[:, 1:]
d2[0,1] = 0
```

4. 若将维数分别为(1, 2, 3)和(5, 2, 1)的2个数组相加，结果数组的维数如何？
5. 利用poly1d类创建如下多项式：

```
   4     3     2
6 x + 2 x + 5 x + x -10
```

第 **8** 章

SciPy

本章内容
- ❑ SciPy 简介
- ❑ scipy.misc 子模块
- ❑ scipy.special 子模块
- ❑ scipy.stats 子模块

第7章介绍了NumPy数组，这些数组是许多数据科学相关库的基础构建块。本章介绍SciPy库，这是一个用于数学、科学和工程学的库。

8.1 SciPy简介

SciPy库是建立NumPy基础上的一系列包的集合，为科学计算提供了工具。它包含了一些优化、傅里叶变换、信号处理、线性代数、图像处理、统计等子模块。本章介绍在数据科学中最有用的3个子模块：scipy.misc、scipy.special和scipy.stats。

本章也会在一些示例中使用matplotlib库，它拥有许多图表绘制和显示图片的可视化能力。引入这一绘图库时的习惯是将其重命名为plt：

```
import matplotlib.pyplot as plt
```

8.2 scipy.misc子模块

scipy.misc子模块包含了一些"无家可归"的函数，其中一个有趣的函数是scipy.misc.face()，如下列代码所示：

```
from scipy import misc
import matplotlib.pyplot as plt
face = misc.face()
plt.imshow(face)
plt.show()
```

你可以尝试自行生成输出结果。

ascent函数会返回一张灰度图，以供使用或展示。如果调用ascent()，则结果会是一个二维NumPy数组：

```
a = misc.ascent()
print(a)
[[ 83  83  83 ... 117 117 117]
 [ 82  82  83 ... 117 117 117]
 [ 80  81  83 ... 117 117 117]
              ...
 [178 178 178 ...  57  59  57]
 [178 178 178 ...  56  57  57]
 [178 178 178 ...  57  57  58]]
```

若将其传入matplotlib的绘图对象，则可看到如图8.1所示的图片：

```
plt.imshow(a)
plt.show()
```

图8.1 scipy.misc子模块的示例图片

如本例所示，plt.imshow()可用于图片的可视化展示。

8.3 scipy.special子模块

scipy.special子模块包含许多数学、物理学的工具，包括艾里函数、椭圆函数、贝塞尔函数、斯图鲁弗函数等。大多数函数都支持广播，与NumPy数组相容。要使用这些函数，只需要从SciPy中引入scipy.special，然后直接调用函数。例如，计算一个数的阶乘，可以直接使用special.factorial()

函数：

```
from scipy import special
special.factorial(3)
6.0
```

　　计算排列数和组合数的方式如下：

```
special.comb(10, 2)
45.0
```

```
special.perm(10,2)
90.0
```

　　上例展示了从10个元素中选择2个的可能的方法数。

> **注意**
> 　　scipy.special包含一个名为scipy.stats的子模块，但不应该直接使用它。在进行统计计算时，应该直接使用scipy.stats子模块。8.4节围绕此内容进行讨论。

8.4　scipy.stats子模块

　　scipy.stats提供了概率分布与统计的函数，本节将介绍这个子模块中提供的一些分布。

8.4.1　离散分布

　　scipy.stats提供的离散分布都支持一些通用的方法，清单8.1以二项分布为例介绍了这些通用方法。二项分布用于每次结果为成功或失败的多次试验。

清单 **8.1**　二项分布

```
from scipy import stats
B = stats.binom(20, 0.3) # 定义一个二项分布，试验次数为 20 次，成功概率为 30%

B.pmf(2)                  # 概率密度函数（采样结果为 2 的概率）
0.02784587252426866

B.cdf(4)                  # 累积密度函数（采样结果小于等于 4 的概率）
0.2375077788776017

B.mean                    # 分布的期望
6.0

B.var()                   # 分布的方差
4.199999999999999

B.std()                   # 分布的标准差
2.0493901531919194
```

```
B.rvs()                    # 利用分布进行一次随机采样
5

B.rvs(15)                  # 随机采样 15 次
array([ 2,  8,  6,  3,  5,  5, 10,  7,  5, 10,  5,  5,  5,  2,  6])
```

若利用这一分布随机采样足够多次：

```
rvs = B.rvs(size=100000)
rvs
array([11, 4, 4, ..., 7, 6, 8])
```

可以用matplotlib库绘图并查看其形状（输出见图8.2）：

```
import matplotlib.pyplot as plt
plt.hist(rvs)
plt.show()
```

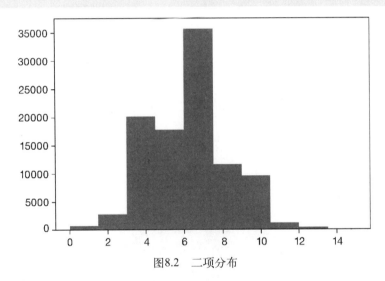

图8.2 二项分布

图8.2横轴下方的数值体现了20次试验中成功的次数。成功6次是出现次数最多的结果，这与30%的成功率是匹配的。

scipy.stats子模块提供的另一个分布是泊松分布，这一分布描述了一段时间内独立事件发生的次数。这一分布的形状由均值决定，可用关键字mu指定。例如，较低的均值（如3）会使分布偏左，如下例中的分布会输出图8.3所示的图像：

```
P = stats.poisson(mu=3)
rvs = P.rvs(size=10000)
rvs
array([4, 4, 2, ..., 1, 0, 2])

plt.hist(rvs)
```

```
plt.show()
```

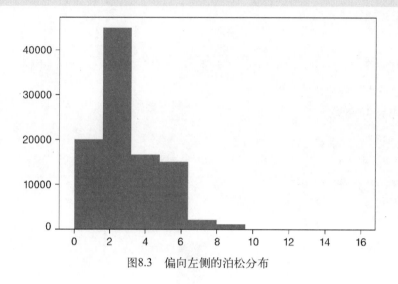

图8.3   偏向左侧的泊松分布

而较高的均值（如15）会使整个分布偏向右侧，如下例中的分布会输出图8.4所示的图像：

```
P = stats.poisson(mu=15)
rvs = P.rvs(size=100000)
plt.hist(rvs)
plt.show()
```

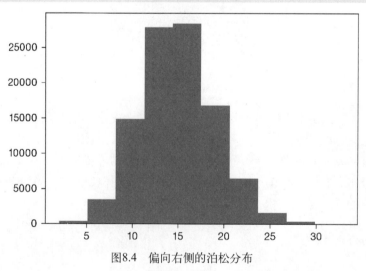

图8.4   偏向右侧的泊松分布

scipy.stats子模块提供的其他离散分布包括：β分布、玻尔兹曼（截断普朗克）分布、普朗克（离散指数）分布、几何分布、超几何分布、对数分布、Yule-Simon分布等。截至本书成稿时，

scipy.stats子模块共提供了14种离散分布。

8.4.2 连续分布

scipy.stats子模块提供的连续分布远远多于离散分布，截至本书成稿时，其已提供了87种连续分布。这些分布都以位置（loc）和比例（scale）作为参数。默认位置为0、比例为1.0。

其中一种连续分布为正态分布，你可能很熟悉它的钟形曲线。在这个对称分布中，一半数据在均值左侧，一半数据在均值右侧。利用默认的位置和比例，可以这样创建一个正态分布（输出见图8.5）：

```
N = stats. norm()
rvs = N.rvs(size=100000)
plt.hist(rvs, bins=1000)
plt.show()
```

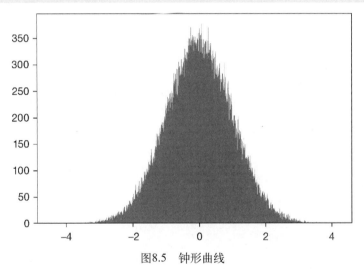

图8.5 钟形曲线

可以看到，这一分布以0为中心，数据大致集中在−4和4之间。若创建另一个正态分布，将位置设为30，比例设为50（输出见图8.6）：

```
N1 = stats.norm(loc=30,scale=50)
rvs = N1.rvs(size=100000)
plt.hist(rvs, bins=1000)
plt.show()
```

注意现在分布的中心大致位于30，且分布的范围更大了。连续分布都具有一些共用的方法，见清单8.2。注意这一清单采用的是有位置偏移和较大标准差的后一个正态分布。

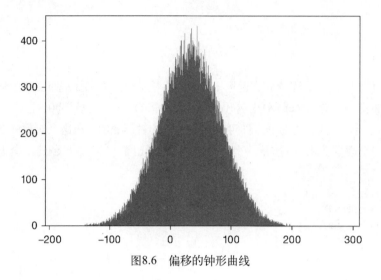

图8.6　偏移的钟形曲线

清单 **8.2**　正态分布

```
N1 = stats.norm(loc=30, scale=50)
N1.mean()            # 分布的均值,与位置 loc 一致
30.0

N1.pdf(4)            # 概率密度函数
0.006969850255179491

N1.cdf(2)            # 累积分布函数
0.28773971884902705

N1.rvs()             # 随机采样
171.55168607574785

N1.var()             # 方差
2500.0

N1.median()          # 均值
30.0

N1.std()             # 标准差
50.0
```

> **注意**
> 　　如果自行尝试这些示例,由于随机数的生成,所得到的某些结果可能不同。

另一种连续分布是指数分布,其图像特征为向上或向下的指数曲线(输出见图8.7):

```
E = stats.expon()
rvs = E.rvs(size=100000)
plt.hist(rvs, bins=1000)
plt.show()
```

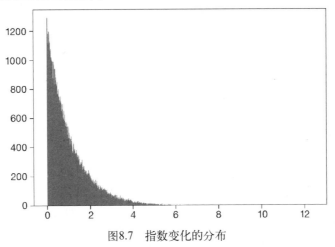

图8.7　指数变化的分布

还有一个分布是均匀分布，即取得各个值的概率都相等，也称为矩形分布（输出见图8.8）：

```
U = stats.uniform()
rvs = U.rvs(size=10000)
rvs
array([8.24645026e-01, 5.02358065e-01, 4.95390940e-01, ...,
       8.63031657e-01, 1.05270200e-04, 1.03627699e-01])

plt.hist(rvs, bins=1000)
plt.show()
```

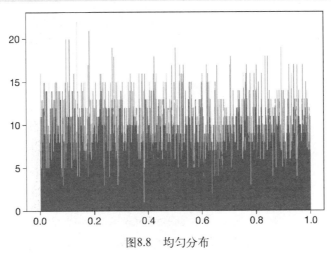

图8.8　均匀分布

均匀分布在一定范围内给出均匀的概率。

8.5 本章小结

NumPy和SciPy库都提供了解决复杂数学问题的工具，涉及相当大的广度和深度，市面上有许多介绍其应用的书籍，目前所看到的只是它们应用的很小部分。当尝试解决复杂数学问题或对其建模时，首先就应该想到这些库。

8.6 问题

1. 利用scipy.stats子模块创建均值为15的正态分布。
2. 利用第1题创建的分布，生成25个随机样本。
3. 针对数学、物理学设计的scipy子模块是什么？
4. 计算离散分布标准差的方法是什么？

第 **9** 章

pandas

pandas的数据框（data frame）建立在NumPy数组之上，可能是最常用的数据结构。数据框就像代码中的高配版电子表格，是数据科学的基础工具之一。本章介绍如何创建数据框、操纵数据框、访问数据框中的数据，以及操纵这些数据。

9.1 关于数据框

数据框像电子表格一样，由行和列构成。它的每一列都是一个pandas.Series对象。在某种程度上，数据库与二维NumPy数组类似，因为都有列的标签和索引。但与NumPy数组不同的是，数据框可以同时容纳不同类型的数据。可以把pandas.Series对象看作带标签的一维NumPy数组，它也只能容纳一种数据类型，并且可以使用许多数组中的方法，例如min()、max()、mean()、medium()。

习惯上，会将引入的pandas包的别名设置为pd：

```
import pandas as pd
```

9.2 创建数据框

可以用字典、列表等许多数据源创建数据框，通过文件创建则更加常用。可以用DataFrame构造器创建空数据框：

```
df = pd.DataFrame()
print(df)
Empty DataFrame
```

```
Columns: []
Index: []
```

但创建数据框的最佳实践，是使用数据将其初始化。

9.2.1 通过字典创建数据框

可以用字典或字典的列表创建数据框，字典的键就是列标签，键所对应的值就是该列的数据。清单9.1首先为每列创建数据的列表，然后用列名为键、列表为值创建字典，并利用这个字典创建数据框。这一清单也展示了如何将字典传入DataFrame构造器以创建数据框。

清单 9.1 通过字典创建数据框

```
first_names = ['shanda', 'rolly', 'molly', 'frank',
               'rip', 'steven', 'gwen', 'arthur']
last_names = ['smith', 'brocker', 'stein', 'bach',
              'spencer', 'de wilde', 'mason', 'davis']
ages = [43, 23, 78, 56, 26, 14, 46, 92]
data = {'first':first_names,
        'last':last_names,
        'ages':ages}
participants = pd.DataFrame(data)
```

利用Colab或Jupyter笔记本，可以以表格的形式输出数据框participants，如表9.1所示。

表9.1

	first	last	ages
0	shanda	smith	43
1	rolly	brocker	23
2	molly	stein	78
3	frank	bach	56
4	rip	spencer	26
5	steven	de wilde	14
6	gwen	mason	46
7	arthur	davis	92

注意

本章中的示例代码的数据框结果都以表格形式展示。

表格的上方为列标签，每行数据的左侧为索引标签。

9.2.2 根据列表的列表创建数据框

可以通过列表的列表创建数据框，每个子列表都是一行数据，按顺序填入各列：

```
data = [["shanda", "smith", 43],
        ["rolly", "brocker", 23],
        ["molly", "stein", 78],
        ["frank", "bach", 56],
        ["rip", "spencer", 26],
        ["steven", "de wilde", 14],
        ["gwen", "mason", 46],
        ["arthur", "davis", 92]]
```

这样就可以将这个列表作为参数：

```
participants = pd.DataFrame(data)
participants
```

得到的结果与通过字典创建的数据框相同，如表9.2所示。

表9.2

	0	1	2
0	shanda	smith	43
1	rolly	brocker	23
2	molly	stein	78
3	frank	bach	56
4	rip	spencer	26
5	steven	de wilde	14
6	gwen	mason	46
7	arthur	davis	92

注意此时得到的数据框的列名为整数，这是没有提供列名时的默认值。可以将字符串列表显式提供为列名：

```
column_names = ['first', 'last', 'ages']
```

同理，也可以用列表提供索引标签：

```
index_labels = ['a', 'b', 'c', 'd', 'e', 'f', 'g', 'h']
```

这些标签可以参照如下代码用作参数columns和index的初始化值（结果如表9.3所示）：

```
participants = pd.DataFrame(data,
                            columns=column_names,
                            index=index_labels)
```

表9.3

	first	last	ages
a	shanda	smith	43
b	rolly	brocker	23
c	molly	stein	78
d	frank	bach	56
e	rip	spencer	26
f	steven	de wilde	14
g	gwen	mason	46
h	arthur	davis	92

9.2.3 利用文件创建数据框

虽然可以利用字典和列表创建数据框，但大多数情况下，都会用已有数据源创建数据框。文件是常用的数据源。pandas提供了许多利用常用文件格式创建数据框的函数，例如CSV、Excel、HTML、JSON、SQL数据库连接等。

假设你想打开FiveThirtyEight网站中college_majors数据集下的CSV文件。在解压并上传CSV文件至Colab之后，向pandas的read_csv函数提供路径就可以打开了（结果如表9.4所示）：

```
college_majors = pd.read_csv('/content/all-ages.csv')
college_majors
```

pandas利用CSV文件中的数据决定列标签和每列的数据类型。

表9.4

	Major	Major_category	Total	Unemployment_rate
0	GENERAL AGRICULTURE	Agriculture & Natural Resources	128148	0.026147
1	AGRICULTURE PRODUCTION AND MANAGEMENT	Agriculture & Natural Resources	95326	0.028636
2	AGRICULTURAL ECONOMICS	Agriculture & Natural Resources	33955	0.030248
...	...	...	...	...
170	MISCELLANEOUS BUSINESS & MEDICAL ADMINISTRATION	Business	102753	0.052679
171	HISTORY	Humanities & Liberal Arts	712509	0.065851
172	UNITED STATES HISTORY	Humanities & Liberal Arts	17746	0.073500

9.3 与数据框中的数据交互

在将数据加载到数据框中之后，应该先查看一下。pandas提供了许多访问数据框中数据的方法。可以逐行、逐列、逐单元格或将这些方法组合起来查看，也可以根据值来提取数据。

注意

在加载陌生数据时，我首先会查看数据的前几行以及统计摘要信息。数据的前几行能帮助我掌握新数据的内容，确定其是我期望的数据。

9.3.1　首尾

要想查看数据框的前几行，可以参照如下代码使用head方法，默认返回前5行（结果如表9.5所示）：

```
college_majors.head()
```

表9.5

	Major	Major_category	Total	Unemployment_rate
0	GENERAL AGRICULTURE	Agriculture & Natural Resources	128148	0.026147
1	AGRICULTURE PRODUCTION AND MANAGEMENT	Agriculture & Natural Resources	95326	0.028636
2	AGRICULTURAL ECONOMICS	Agriculture & Natural Resources	33955	0.030248
3	ANIMAL SCIENCES	Agriculture & Natural Resources	103549	0.042679
4	FOOD SCIENCE	Agriculture & Natural Resources	24280	0.049188

head方法有一个可选参数，表示返回的行数，可参照如下代码返回前3行（结果如表9.6所示）：

```
college_majors.head(3)
```

表9.6

	Major	Major_category	Total	Unemployment_rate
0	GENERAL AGRICULTURE	Agriculture & Natural Resources	128148	0.026147
1	AGRICULTURE PRODUCTION AND MANAGEMENT	Agriculture & Natural Resources	95326	0.028636
2	AGRICULTURAL ECONOMICS	Agriculture & Natural Resources	33955	0.030248

tail方法与head的用法类似，但会返回最后几行，也可以指定可选参数表示要返回的行数（结果如表9.7所示）：

```
college_majors.tail()
```

表9.7

	Major	Major_category	Total	Unemployment_rate
168	HOSPITALITY MANAGEMENT	Business	200854	0.051447
169	MANAGEMENT INFORMATION SYSTEMS AND STATISTICS	Business	156673	0.043977
170	MISCELLANEOUS BUSINESS & MEDICAL ADMINISTRATION	Business	102753	0.052679
171	HISTORY	Humanities & Liberal Arts	712509	0.065851
172	UNITED STATES HISTORY	Humanities & Liberal Arts	17746	0.073500

9.3.2   描述统计学

在查看数据框的若干行后，还可以去主观地感受一下数据的形态。数据框的describe方法就是这样一种工具，可以提供数据的若干描述性统计信息。不需要参数就可以调用describe方法（结果如表9.8所示）：

```
college_majors.describe()
```

表9.8

	Total	Unemployment_rate
count	1.730000e+02	173.000000
mean	2.302566e+05	0.057355
std	4.220685e+05	0.019177
min	2.396000e+03	0.000000
25%	2.428000e+04	0.046261
50%	7.579100e+04	0.054719
75%	2.057630e+05	0.069043
max	3.123510e+06	0.156147

这个方法会针对数值型列出统计数量、均值、标准差、最小值、最大值和四分位数，其接受的可选参数可以用于控制要处理的数据类型和要返回的百分位数。要想修改百分位数，可使用percentiles参数（结果如表9.9所示）：

```
college_majors.describe(percentiles=[0.1, 0.9])
```

表9.9

	Total	Unemployment_rate
count	1.730000e+02	173.000000
mean	2.302566e+05	0.057355
std	4.220685e+05	0.019177
min	2.396000e+03	0.000000
10%	9.775600e+03	0.037053
50%	7.579100e+04	0.054719
90%	6.739758e+05	0.080062
max	3.123510e+06	0.156147

上例指定了百分位数为10%和90%，取代了默认的25%和75%。注意，无论参数如何，50%百分位数都会插入其中。

要查看非数值型列的统计数据，需要使用include关键字指定要处理的数据类型。传入该关键字的参数应为数据类型的序列，可以是NumPy数据类型，如np.object。在pandas中，字符串属于object类型，因此下列代码可包含字符串数据类型的列：

```
import numpy as np
college_majors.describe(include=[np.object])
```

也可以使用表示数据类型名称的字符串，例如np.object的名称就是object。下列代码可返回适用于该类型的统计信息：

```
college_majors.describe(include=['object'])
```

这样可以对字符串求总数、互异值的数量、最常出现的值及其频数，如表9.10所示。

表9.10

	Major	Major_category
count	173	173
unique	173	16
top	GEOSCIENCES	Engineering
freq	1	29

可以参照如下代码传入字符串all而非数据类型的列表，这样就会生成所有列的统计信息（如表9.11所示）：

```
college_majors.describe(include='all')
```

表9.11

	Major	Major_category	Total	Unemployment_rate
count	173	173	1.730000e+02	173.000000
unique	173	16	NaN	NaN
top	GEOSCIENCES	Engineering	NaN	NaN
freq	1	29	NaN	NaN
mean	NaN	NaN	2.302566e+05	0.057355
std	NaN	NaN	4.220685e+05	0.019177
min	NaN	NaN	2.396000e+03	0.000000
25%	NaN	NaN	2.428000e+04	0.046261
50%	NaN	NaN	7.579100e+04	0.054719
75%	NaN	NaN	2.057630e+05	0.069043
max	NaN	NaN	3.123510e+06	0.156147

> **注意**
> 若某项统计信息不适用于这种数据类型，例如字符串的标准差，则会插入值NaN（代表"not a number"）。

如果想排除某种数据类型，而非指定包含哪些数据类型，则可以使用pandas提供的exclude参数，用法与include类似。

9.3.3　访问数据

先利用head或tail查看数据，再利用describe掌握了数据的形态之后，就可以开始查看各行、各列、各单元格的数据了。

以下为本章前面用到的participants数据框（如表9.12所示）：

participants

表9.12

	first	last	ages
a	shanda	smith	43
b	rolly	brocker	23
c	molly	stein	78
d	frank	bach	56
e	rip	spencer	26
f	steven	de wilde	14
g	gwen	mason	46
h	arthur	davis	92

9.3.4   方括号语法

访问pandas数据框中的行或列需要使用方括号语法。这一语法在探索数据的交互阶段非常有用，是最佳实践之一。

要访问单列数据，只需要将列名作为参数放在方括号内，与字典的键用法类似：

```
participants['first']
a    shanda
b     rolly
c     molly
d     frank
e       rip
f    steven
g      gwen
h    arthur
Name: first, dtype: object
```

可以看到，这行代码返回了指定列的数据及其索引、标签和数据类型。若列名不包含斜杠等特殊字符，且不与数据框已有的属性冲突，也可以使用属性的方式访问列。

例如，可用以下这种方式访问age列：

```
participants.ages
a    43
b    23
c    78
d    56
e    26
f    14
g    46
h    92
Name: ages, dtype: int64
```

但是如果列名为first或last就不能这样做，因为它们本身就是数据框的属性。

若要访问多列数据，则需要以列表的形式给出列标签（结果如表9.13所示）：

```
participants[['last', 'first']]
```

表9.13

	last	first
a	smith	shanda
b	brocker	rolly
c	stein	molly
d	bach	frank
e	spencer	rip
f	de wilde	steven
g	mason	gwen

这样就会返回数据框中的指定列。

方括号语法进行了重载，以支持抓取行或列。要指定列，就需要提供切片形式的参数。若切片为整数，则表示要返回的行号。例如要返回数据框participants的第3、第4、第5行（从0开始计数，下同），可以使用切片3:6（结果如表9.14所示）：

```
participants[3:6]
```

表9.14

	first	last	ages
d	frank	bach	56
e	rip	spencer	26
f	steven	de wilde	14

也可以使用索引标签进行切片。使用这种方法时，最后一个值将被包含于其中。要想获取a、b、c行，需要使用切片'a':'c'（结果如表9.15所示）：

```
participants['a':'c']
```

表9.15

	first	last	ages
a	shanda	smith	43
b	rolly	brocker	23
c	molly	stein	78

还可以用布尔值列表指定要返回哪些行，这个列表需要为每行提供一个布尔值：True表示需要返回这一行，False表示不要返回。下例会返回第1、第2、第5行（结果如表9.16所示）：

```
mask = [False, True, True, False, False, True, False, False]
participants[mask]
```

表9.16

	first	last	ages
b	rolly	brocker	23
c	molly	stein	78
f	steven	de wilde	14

　　方括号语法提供了方便易读的访问数据的方法，常用于探索数据框的试验性数据交互阶段，但对于大规模数据集的性能并不是很好。在生产代码中使用大规模数据集索引时，推荐使用数据框的loc索引器和iloc索引器。这些索引器也使用与此处非常相似的方括号语法：loc索引器使用标签，而iloc索引器使用下标。

9.3.5　利用标签优化数据访问

　　可利用loc索引器提供一个标签，返回对应行的值。例如，要访问行标签为c的值，可将c作为参数：

```
participants.loc['c']
first   molly
last    stein
ages      78
Name: c, dtype: object
```

　　也可以提供标签的切片，同样地，最后一个标签括在内（结果如表9.17所示）：

```
participants.loc['c':'f']
```

表9.17

	first	last	ages
c	molly	stein	78
d	frank	bach	56
e	rip	spencer	26
f	steven	de wilde	14

　　还可以提供布尔值的序列（结果如表9.18所示）：

```
mask = [False, True, True, False, False, True, False, False]
participants.loc[mask]
```

表9.18

	first	last	ages
b	rolly	brocker	23
c	molly	stein	78
f	steven	de wilde	14

　　第二个可选参数可以指定返回哪些列。例如，如果想要返回所有行的first列，可以用切片表示所有行，加一个逗号，再加上列标签：

```
participants.loc[:, 'first']
a       shanda
b        rolly
c        molly
d        frank
e          rip
f       steven
g         gwen
h       arthur
Name: first, dtype: object
```

也可以提供列标签的列表（结果如表9.19所示）：

```
participants.loc['c', ['ages', 'last']]
```

表9.19

	ages	last
a	43	smith
b	23	brocker
c	78	stein

还可以提供布尔值的序列（结果如表9.20所示）：

```
participants.loc['c', [False, True, True]]
```

表9.20

	last	ages
a	smith	43
b	brocker	23
c	stein	78

9.3.6　利用索引优化数据访问

iloc索引器支持使用下标选择行和列。与方括号的语法十分相似，可以提供一个值来指定某一行：

```
participants.iloc[3]
first       frank
last         bach
ages           56
Name: d, dtype: object
```

也可以利用切片指定多行（结果如表9.21所示）：

```
participants.iloc[1:4]
```

表9.21

	first	last	ages
b	rolly	brocker	23
c	molly	stein	78
d	frank	bach	56

还可以选择性地提供另一个切片,指定要返回哪些列(结果如表9.22所示):

```
participants.iloc[1:4, :2]
```

表9.22

	first	last
b	rolly	brocker
c	molly	stein
d	frank	bach

9.3.7　遮罩与过滤

数据框的一个强大功能,就是可以根据值选择数据。可以对不同列运用比较运算符,判断它们是否符合某些条件。例如,如果想查看数据框college_majors中Major_category为Humanities & Liberal Arts的数据,则可以使用等于运算符(==):

```
college_majors.Major_category == 'Humanities & Liberal Arts'
0      False
1      False
2      False
3      False
...     ...
169    False
170    False
171     True
172     True
Name: Major_category, Length: 173, dtype: bool
```

这会生成一个pandas.Series对象,其中满足条件的行为True。布尔值的序列很有趣,但将其与索引器结合起来过滤数据,才能发挥它最大的本领。前文说过loc会返回所有输入序列中值为True的行,因此可以利用列和比较运算符创建条件,例如下列代码利用了>操作符和Total列:

```
total_mask = college_majors.loc[:, 'Total'] > 1200000
```

可以将结果作为遮罩,仅选择满足条件的行(结果如表9.23所示):

```
top_majors = college_majors.loc[total_mask]
top_majors
```

可以使用min()方法检查这个结果数据框是否满足条件:

```
top_majors.Total.min()
1438867
```

表9.23

	Major	Major_category	Total	Unemployment_rate
25	GENERAL EDUCATION	Education	1438867	0.043904
28	ELEMENTARY EDUCATION	Education	1446701	0.038359
114	PSYCHOLOGY	Psychology & Social Work	1484075	0.069667
153	NURSING	Health	1769892	0.026797
158	GENERAL BUSINESS	Business	2148712	0.051378
159	ACCOUNTING	Business	1779219	0.053415
161	BUSINESS MANAGEMENT AND ADMINISTRATION	Business	3123510	0.058865

假设想查看哪个专业的失业率最低，可以在某一列或整个数据框使用describe方法。例如，如果对Unemployment_rate列使用describe方法，则会看到下四分位数为0.046261：

```
college_majors.Unemployment_rate.describe()
count    173.000000
mean       0.057355
std        0.019177
min        0.000000
25%        0.046261
50%        0.054719
75%        0.069043
max        0.156147
Name: Unemployment_rate, dtype: float64
```

可以对所有行创建遮罩，获取失业率小于等于该值的数据：

```
employ_rate_mask = college_majors.loc[:, 'Unemployment_rate'] <= 0.046261
```

然后可以使用这一遮罩创建仅含这些列的数据框：

```
employ_rate_majors = college_majors.loc[employ_rate_mask]
```

接着可以使用pandas.Series对象的unique方法，查看结果数据框中包含哪些专业：

```
employ_rate_majors.Major_category.unique()
array(['Agriculture & Natural Resources', 'Education', 'Engineering',
       'Biology & Life Science', 'Computers & Mathematics',
       'Humanities & Liberal Arts', 'Physical Sciences', 'Health',
       'Business'], dtype=object)
```

这些专业都至少有一条数据的失业率符合条件。

9.3.8　pandas布尔运算

可以在条件中使用3种布尔运算符：与（&）、或（|）、非（~）。"与"和"或"可以用于创建更复杂的条件，"非"可以用于创建相反的遮罩。

例如，可以使用"与"，基于前述条件创建一个新的遮罩，返回哪些低失业率的专业最受欢迎。这需要在已有遮罩的基础上，使用&运算符，创建一个新的遮罩：

```
total_rate_mask = employ_rate_mask & total_mask
total_rate_mask
0       False
1       False
2       False
3       False
4       False
...     ...
168     False
169     False
170     False
171     False
172     False
Length: 173, dtype: bool
```

查看结果数据框，就可以得知哪些低失业率的专业最受欢迎（结果如表9.24所示）：

```
college_majors.loc[total_rate_mask]
```

表9.24

	Major	Major_category	Total	Unemployment_rate
25	GENERAL EDUCATION	Education	1438867	0.043904
28	ELEMENTARY EDUCATION	Education	1446701	0.038359
153	NURSING	Health	1769892	0.026797

可以对失业率遮罩使用~运算符，得到失业率高于下四分位数的所有行构成的数据框：

```
lower_rate_mask = ~employ_rate_mask
lower_rate_majors = college_majors.loc[lower_rate_mask]
```

可以在Unemployment_rate列上使用min方法，查看它们是否均大于下四分位数：

```
lower_rate_majors.Unemployment_rate.min()
0.046261360999999994
```

可以使用|操作符选择符合总人数和失业率条件之一的数据行：

```
college_majors.loc[total_mask | employ_rate_mask]
```

结果数据框将包含所有符合任一条件的数据行。

9.4   操纵数据框

得到包含需要数据的数据框后，还可能会想修改它，例如重命名列或索引、新增或删行与列。

利用数据框的rename方法就可以方便地修改列标签，下列代码利用了数据框的columns属性查看当前列名：

```
participants.columns
Index(['first', 'last', 'ages'], dtype='object')
```

可以重命名某些列，提供从旧列名到新列名的字典。例如，下列代码将ages列的标签重命名为Age（结果如表9.25所示）：

```
participants.rename(columns={'ages': 'Age'})
```

表9.25

	first	last	Age
a	shanda	smith	43
b	rolly	brocker	23
c	molly	stein	78
d	frank	bach	56
e	rip	spencer	26
f	steven	de wilde	14
g	gwen	mason	46
h	arthur	davis	92

rename方法默认返回使用新列标签的新数据框。如果再次查看原数据框的列名，仍会看到修改前的列名：

```
participants.columns
Index(['first', 'last', 'ages'], dtype='object')
```

许多数据框的方法都这样工作（保留原状态）。而许多方法还提供了inplace参数，若将其设为True，就会修改原数据框：

```
participants.rename(columns={'ages':'Age'}, inplace=True)
participants.columns
Index(['first', 'last', 'Age'], dtype='object')
```

可以使用索引器语法创建新列，即将该列视为已有列，用索引器和对应值访问该列（结果如表9.26所示）：

```
participants['Zip Code'] = [94702, 97402, 94223, 94705,
                           97503, 94705, 94111, 95333]
participants
```

表9.26

	first	last	Age	Zip Code
a	shanda	smith	43	94702
b	rolly	brocker	23	97402
c	molly	stein	78	94223
d	frank	bach	99	94705
e	rip	spencer	26	97503
f	steven	de wilde	14	94705
g	gwen	mason	46	94111
h	arthur	davis	92	95333

可以对列进行运算，如通过字符串拼接创建新列。如果要添加一列存放参赛者的全名，就可以利用已有的姓和名来创建新列（结果如表9.27所示）：

```
participants['Full Name'] = ( participants.loc[:, 'first'] +
                              participants.loc[:, 'last'] )
participants
```

表9.27

	first	last	Age	Zip Code	Full Name
a	shanda	smith	43	94702	shandasmith
b	rolly	brocker	23	97402	rollybrocker
c	molly	stein	78	94223	mollystein
d	frank	bach	99	94705	frankbach
e	rip	spencer	26	97503	ripspencer
f	steven	de wilde	14	94705	stevende wilde
g	gwen	mason	46	94111	gwenmason
h	arthur	davis	92	95333	arthurdavis

也可以用同样的语法更新列。例如，如果使用空格隔开姓和名，则可以对已有列名重新赋值（结果如表9.28所示）：

```
participants['Full Name'] = ( participants.loc[:, 'first'] +
                              ' ' +
                              participants.loc[:, 'last'] )
participants
```

表9.28

	first	last	Age	Zip Code	Full Name
a	shanda	smith	43	94702	shanda smith
b	rolly	brocker	23	97402	rolly brocker
c	molly	stein	78	94223	molly stein
d	frank	bach	99	94705	frank bach
e	rip	spencer	26	97503	rip spencer
f	steven	de wilde	14	94705	steven de wilde
g	gwen	mason	46	94111	gwen mason
h	arthur	davis	92	95333	arthur davis

9.5 操纵数据

pandas提供了多种修改数据框中的数据的方法。可以用使用过的索引器设置新值，可以对整个数据框或某些列进行操作，也可以利用函数更改各列数据，或者根据不同行列数据创建新的数据。

利用索引器修改数据时，首先需选择要修改的数据区域（这与查看数据的方式相同），然后就可以赋新值了。例如，要将第h行的arthur改为Paul，可以使用loc方法（结果如表9.29所示）：

```
participants.loc['h', 'first'] = 'Paul'
participants
```

表9.29

	first	last	Age	Zip Code	Full Name
a	shanda	smith	43	94702	shanda smith
b	rolly	brocker	23	97402	rolly brocker
c	molly	stein	78	94223	molly stein
d	frank	bach	99	94705	frank bach
e	rip	spencer	26	97503	rip spencer
f	steven	de wilde	14	94705	steven de wilde
g	gwen	mason	46	94111	gwen mason
h	arthur	davis	92	95333	arthur davis

也可以使用iloc将第c行的Molly年龄设置为99（结果如表9.30所示）：

```
participants.iloc[3, 2] = 99
participants
```

表9.30

	first	last	Age	Zip Code	Full Name
a	shanda	smith	43	94702	shanda smith
b	rolly	brocker	23	97402	rolly brocker
c	molly	stein	78	94223	molly stein
d	frank	bach	99	94705	frank bach
e	rip	spencer	26	97503	rip spencer
f	steven	de wilde	14	94705	steven de wilde
g	gwen	mason	46	94111	gwen mason
h	paul	davis	92	95333	arthur davis

如果将其与利用索引为列表和字典中的数据赋值的方法进行类比，应该更好理解。

本章前面利用列的运算创建了新列。其实也可以使用+=、-=、/=等运算符原位修改列中的数据。例如要将所有人的年龄减1，就可以使用-=运算符（结果如表9.31所示）：

```
participants.Age -= 1
participants
```

表9.31

	first	last	Age	Zip Code	Full Name
a	shanda	smith	43	94702	shanda smith
b	rolly	brocker	22	97402	rolly brocker
c	molly	stein	77	94223	molly stein
d	frank	bach	98	94705	frank bach
e	rip	spencer	25	97503	rip spencer
f	steven	de wilde	13	94705	steven de wilde
g	gwen	mason	45	94111	gwen mason
h	paul	davis	91	95333	arthur davis

replace方法

replace方法会在数据框中寻找并替换数据。例如，可以将名字为rolly的数据修改为smiley（结果如表9.32所示）：

```
participants.replace('rolly', 'smiley')
```

表9.32

	first	last	Age	Zip Code	Full Name
a	shanda	smith	42	94702	shanda smith
b	smiley	brocker	22	97402	rolly brocker
c	molly	stein	77	94223	molly stein
d	frank	bach	98	94705	frank bach
e	rip	spencer	25	97503	rip spencer
f	steven	de wilde	13	94705	steven de wilde

这一方法也支持正则表达式，以下代码中创建的正则表达式可寻找以s开头的字符串，并将其开头的s替换为大写（结果如表9.33所示）：

```
participants.replace(r'(s)([a-z]+)', r'S\2', regex=True)
```

表9.33

	first	last	Age	Zip Code	Full Name
a	shanda	smith	42	94702	Shanda Smith
b	rolly	brocker	22	97402	rolly brocker
c	molly	stein	77	94223	molly Stein
d	frank	bach	98	94705	frank bach
e	rip	spencer	25	97503	rip Spencer
f	steven	de wilde	13	94705	Steven de wilde
g	gwen	mason	45	94111	gwen mason
h	paul	davis	91	95333	arthur davis

数据框和pandas.Series对象都具有apply()方法，可以对值应用函数。其中，apply()方法会对pandas.Series对象中每个值分别调用指定的函数。

假设定义了一个将字符串中的首字母变为大写的函数：

```
def cap_word(w):
    return w.capitalize()
```

然后，如果将其作为apply()的参数，应用于first列，就会将每个姓氏的首字母变为大写：

```
participants.loc[:, 'first'].apply(cap_word)
a    Shanda
b    Rolly
```

```
c     Molly
d     Frank
e       Rip
f    Steven
g      Gwen
h      Paul
Name: first, dtype: object
```

apply可将数据框的行作为参数，支持根据该行各列的数据创建新值。假设已定义一个利用first列和Age列的函数：

```
def say_hello(row):
    return f'{row["first"]} is {row["Age"]} years old.'
```

便可以对整个数据框应用这个函数：

```
participants.apply(say_hello, axis=1)
a    shanda is 42 years old.
b     rolly is 22 years old.
c     molly is 77 years old.
d     frank is 98 years old.
e       rip is 25 years old.
f    steven is 13 years old.
g      gwen is 45 years old.
h      paul is 91 years old.
dtype: object
```

也可以利用这个方法跨行或跨列调用函数，可以使用axis参数指定这个函数应接受一行还是一列数据。

9.6 交互式显示

如果在Colab中使用数据框，应该尝试一下这段代码：

```
%load_ext google.colab.data_table
```

这会让数据框的输出有交互性，以便交互式地过滤或选择数据。

9.7 本章小结

pandas数据框是在电子表格环境中处理数据的强有力工具。可以利用许多数据源创建数据框，但最常见的方法是利用文件。可以通过添加新行和新列来扩展数据框。可以利用强大的索引器访问数据，也可以修改数据。数据框为探索和操作数据提供了有效的手段。

9.8 问题

试基于表9.34回答随后各题。

表9.34

Sample Size (mg)	%P	%Q
0.24	40	60
2.34	34	66
0.0234	12	88

1．创建表示表格中数据的数据框。

2．增加一个标签为Total Q的新列，表示各样本中Q的含量（单位：mg）。

3．将列%P和%Q的值除以100。

第 **10** 章

可视化库

数据可视化对于探索和展示数据至关重要。俗话说"一图胜千言",其道出了图表对理解数据的重要性。可视化常常可以帮助人们洞悉统计数据中不明显的规律。统计学家弗朗西斯·安斯库姆曾创建的4个数据集的著名范例,它们的统计数据几乎一致,但图表截然不同。

可视化图表让数据解释变得更加轻松,在展示中加入图表往往颇有成效。幸运的是,Python中就有一些针对可视化的库。

10.1 Matplotlib

Matplotlib是创建可直接用于展示的图表的基础,被广泛应用,也是其他一些绘图库的基础。它与NumPy、pandas都是SciPy生态系统的一环,其功能繁多,但由于规模庞大,使用起来可能比较复杂。

Matplotlib有许多接口,如果上网搜索的话,可能会发现常用于较早的示例中的一个接口是pylab,引用方法一般如下:

```
from matplotlib.pylab import *
```

虽然在旧示例中可能还有应用,但现在并不推荐使用pylab。它原本是想要模拟一个类似于MATPLOT的环境,这是一个非Python的数学绘图工具。使用import *会引入模块的所有内容,这在Python中通常不是一个很好的做法,比较推荐的做法是显式地引入需要用到的部分。

推荐使用的Matplotlib接口是pyplot,常取别名为plt:

```
import matplotlib.pyplot as plt
```

Matplotlib的两个主要概念是figure(画布)和axis(轴域)。画布用于绘制数据,轴域是用坐标轴表示数据点的区域。轴域利用画布进行可视化。一块画布可包含多个轴域,但一个轴域只能属于一块画布。

　　Matplotlib提供了两种创建画布和轴域的方法：显式创建和隐式创建。下例展示了隐式创建的方法。

　　plt.plot、plt.hist等绘图方法可在当前的轴域和画布上绘图，如果当前不存在轴域和画布，则会创建一个轴域及一块其所属的画布。

　　plt.plot根据X和Y值创建了折线图，如图10.1所示：

```
X = [0, 1, 2, 3, 4, 5, 7, 8, 9, 10]
Y = [20, 25, 35, 50, 10, 12, 20, 40, 70, 110]
plt.plot(X, Y)
```

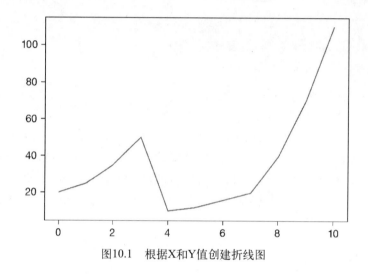

图10.1　根据X和Y值创建折线图

10.1.1　调整样式

　　可以使用两种不同的机制控制图表的样式。

　　第一种机制是使用matplotlib.Line2D类的任何属性，这些属性控制图表中的符号、线型和颜色。可以在Matplotlib文档的matplotlib.Line2D的属性中找到完整清单。

　　可以在plt.plot中以关键字参数的方式使用这些属性，本节介绍marker、linestyle和color属性。

　　可用的标记类型如下。

- .：点；
- ,：像素点；
- o：圆圈；
- v：向下的三角；
- ^：向上的三角；
- <：向左的三角；

- >：向右的三角；
- 1：向下的Y字形；
- 2：向上的Y字形；
- 3：向左的Y字形；
- 4：向右的Y字形；
- s：正方形；

❑ p: 五边形; ❑ x: 叉号;

❑ *: 星号; ❑ D: 菱形;

❑ h: 六边形1（纵向）; ❑ d: 细长的菱形;

❑ H: 六边形2（横向）; ❑ |: 竖线;

❑ +: 加号; ❑ _: 横线。

可以用关键字marker指定一种标记的类型，下例将标记设为正方形（结果见图10.2）：

```
X = [0, 1, 2, 3, 4, 5, 7, 8, 9, 10]
Y = [20, 25, 35, 50, 10, 12, 20, 40, 70, 110]
plt.plot(X, Y, marker='s')
```

可用的线型如下。

❑ -: 实线; ❑ -.: 点画线;

❑ --: 虚线; ❑ :: 点线。

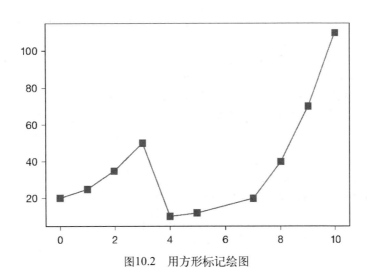

图10.2 用方形标记绘图

可以用关键字linestyle设置线型（结果见图10.3）：

```
X = [0, 1, 2, 3, 4, 5, 7, 8, 9, 10]
Y = [20, 25, 35, 50, 10, 12, 20, 40, 70, 110]
plt.plot(X, Y, marker='s', linestyle=':')
```

可用的颜色如下。

❑ b: 蓝色; ❑ m: 品红;

❑ g: 绿色; ❑ y: 黄色;

❑ r: 红色; ❑ k: 黑色;

❑ c: 青色; ❑ w: 白色。

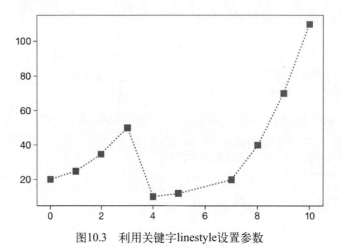

图10.3 利用关键字linestyle设置参数

可以用关键字color设置颜色。如果运行下面的示例，将得到与图10.3相同的图表，但颜色不同。

```
X = [0, 1, 2, 3, 4, 5, 7, 8, 9, 10]
Y = [20, 25, 35, 50, 10, 12, 20, 40, 70, 110]
plt.plot(X, Y, marker='s', linestyle=':', color='m')
```

第二种机制是利用fmt参数。这是位于Y参数之后的一个位置参数。它是由标记、线型和颜色的缩写拼成的格式字符串，其形式为依次列出代表标记、线型、颜色的字符，每个部分都是非必需的。例如可以利用格式字符串s-.r将标记设为正方形，将线型设为点画线，并将颜色设为红色（结果见图10.4）：

```
X = [0, 1, 2, 3, 4, 5, 7, 8, 9, 10]
Y = [20, 25, 35, 50, 10, 12, 20, 40, 70, 110]
fmt = 's-.r'
plt.plot(X, Y, fmt)
```

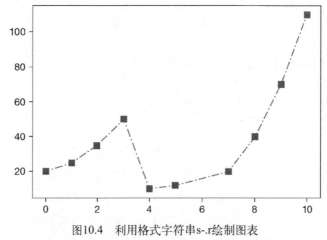

图10.4 利用格式字符串s-.r绘制图表

也可以同时使用格式字符串和关键字参数。如图10.5所示的图表就结合了格式字符串's-.r'和linewidth关键字：

```
X = [0, 1, 2, 3, 4, 5, 7, 8, 9, 10]
Y = [20, 25, 35, 50, 10, 12, 20, 40, 70, 110]
fmt = 's-.r'
plt.plot(X, Y, fmt, linewidth=4.3)
```

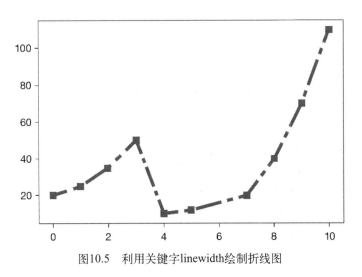

图10.5　利用关键字linewidth绘制折线图

10.1.2　带标签的数据

Matplotlib的绘图函数可使用带标签的数据，包括pandas数据框、字典，以及几乎任何可用方括号语法访问数据的数据结构。此时，需要提供恰当的标签，而非X和Y值的序列。

下例根据美国疾控中心的数据，创建美国男性和女性在16年间的平均身高的数据框：

```
import pandas as pd

data = {"Years": ["2000", "2002", "2004", "2006", "2008",
                  "2010", "2012", "2014", "2016"],
        "Men": [189.1, 191.8, 193.5, 196.0, 194.7,
                196.3, 194.4, 197.0, 197.8],
        "Women": [175.7, 176.4, 176.5, 176.2, 175.9,
                  175.9, 175.7, 175.8, 175.3]}
heights_df = pd.DataFrame(data)
```

可以指定坐标轴对应的列标签，以及从哪个数据框拉出数据，绘制女性身高的统计图（如图10.6所示）：

```
plt.plot('Years', 'Women', data=heights_df)
```

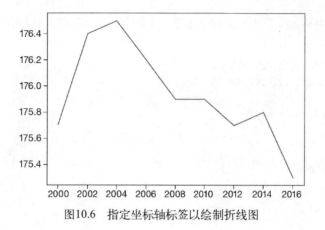

图10.6   指定坐标轴标签以绘制折线图

10.1.3   绘制多组数据

有3种方法可以在同一图表中绘制多组数据。第1种是简单地多次调用绘图函数：

```
X = [0, 1, 2, 3, 4, 5, 7, 8, 9, 10]
Y = [20, 25, 35, 50, 10, 12, 20, 40, 70, 110]
fmt = 's-.r'

X1 = [0, 1, 2, 3, 4, 5, 7, 8, 9, 10]
Y2 = [90, 89, 87, 82, 72, 60, 45, 28, 10, 0]
fmt2 = '^k:'
plt.plot(X, Y, fmt)
plt.plot(X1, Y2, fmt2)
```

前文说过plt.plot会利用当前的轴域与图表，因此多次调用会继续共享同一块画布和轴域。如图10.7所示，可以在同一图表上看到多条折线。

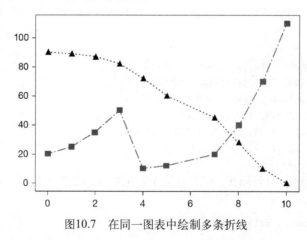

图10.7   在同一图表中绘制多条折线

在同一图表上绘制多组数据的第2种方法，是直接向绘图函数传入多组数据：

```
plt.plot(X, Y, fmt, X1, Y2, fmt2)
```

可以为带标签的数据传入多组标签，每一列都会加入图表（结果见图10.8）：

```
plt.plot('Years', 'Women', 'Men', data=heights_df)
```

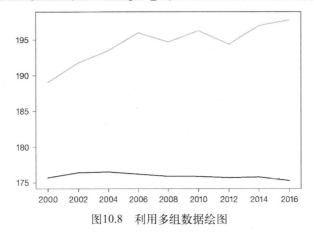

图10.8 利用多组数据绘图

Matplotlib为增加标签、标题、图例提供了非常方便的函数。可以用如下的方法为图10.8添加这些元素（结果见图10.9）：

```
plt.plot('Years', 'Women', 'Men', data=heights_df)
plt.xlabel('Year')
plt.ylabel('Height (Inches)')
plt.title("Heights over time")
plt.legend(['Women', 'Men'])
```

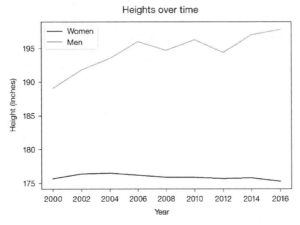

图10.9 向图表添加标签、标题和图例

10.1.4 面向对象的样式

到目前为止学习的隐式创建画布和轴域的方式，都是探索数据的便捷方法，尤其是在交互式

环境中。而Matplotlib也提供了直接操纵画布和轴域的方法，支持控制更多的元素。plt.subplots()
函数可根据指示返回一块画布和若干轴域，然后便可以用隐式创建的类似方法继续在轴域上绘图：

```
fig, ax = plt.subplots()
ax.plot('Years', 'Women', 'Men', data=heights_df)
ax.set_xlabel('Year')
ax.set_ylabel('Height (Inches)')
ax.set_title("Heights over time")
ax.legend(['Women', 'Men'])
```

利用同一组数据绘图，将得到与图10.9相同的结果。

如果要在同一画布上创建多张图表，可以指定多个轴域，如清单10.1所示。第1个参数指定行
数，第2个参数指定列数。其结果如图10.10所示，下例在同一画布上创建了2个轴域。

清单 10.1　创建多个轴域

```
fig, (ax1, ax2) = plt.subplots(1, 2).          # 创建 1 块画布、2 个轴域

ax1.plot('Years', 'Women', data=heights_df)    # 在第 1 个轴域绘制女性信息
ax1.set_xlabel('Year')                         # 为第 1 个轴域的 x 轴添加标签
ax1.set_ylabel('Height (Inches)')              # 为第 1 个轴域的 y 轴添加标签
ax1.set_title("Women")                         # 设置第 1 个轴域的标题
ax1.legend(['Women'])                          # 设置第 1 个轴域的图例

ax2.plot('Years', 'Men', data=heights_df )     # 绘制第 2 个轴域
ax2.set_xlabel('Year')                         # 为第 2 个轴域的 x 轴添加标签
ax2.set_title("Men")                           # 设置第 2 个轴域的标题
ax2.legend(['Men'])                            # 设置第 2 个轴域的图例

fig.autofmt_xdate(rotation=65)                 # 旋转日期标签
```

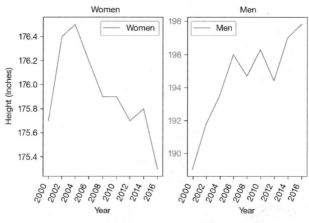

图10.10　在同一画布上绘制2个轴域

　　隐式创建在交互模式下探索数据非常有用，显式创建则能保留更多的掌控感，更推荐在生产代码中的绘图使用。

10.2　seaborn

　　seaborn是建立在Matplotlib之上的统计绘图库，旨在使创建美观的统计图表变得简单，其默认样式也要比其他库更美观，如图10.11所示。

　　习惯上，seaborn引入时的别名为sns：

```
import seaborn as sns
```

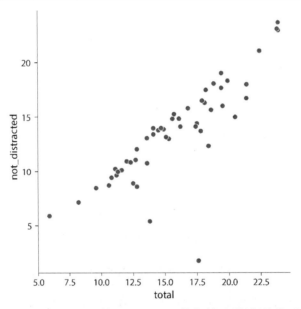

图10.11　使用seaborn的sns.relplot()函数绘制两列数据的关系图

　　seaborn包含一组示例数据集，这组数据集在文档和教程中使用，也为探索seaborn的特性提供了一套方便的数据源。可以用sns.load_dataset()函数将这组数据集加载为pandas数据框，参数为数据集的名称。可用数据集参见GitHub网站mwaskom/seaborn-data库中的列表。

　　下例展示了如何加载车祸数据集，并选择要操作的列：

```
car_crashes = sns.load_dataset('car_crashes')
car_crashes = car_crashes[['total', 'not_distracted', 'alcohol']]
```

　　本例使用seaborn的sns.relplot()函数绘制两列数据的关系图。

```
sns.relplot(data=car_crashes,
            x='total',
            y='not_distracted')
```

seaborn主题

使用seaborn主题可以简单地控制图表的外观。可以使用如下函数应用seaborn的默认主题：

```
sns.set_theme()
```

可以重新对数据绘图，新外观如图10.12所示。

```
sns.relplot(data=car_crashes,
            x='total',
            y='not_distracted')
```

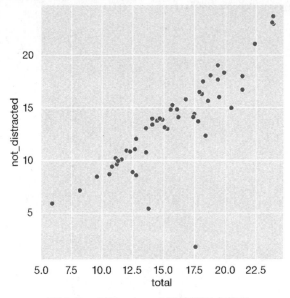

图10.12　利用seaborn主题控制图表外观

设置seaborn主题之后，它就会用于后续所有图表，即使是直接使用Matplotlib绘制的图表。seaborn将Matplotlib的参数分为两组，一组是图表的美学样式，另一组是刻度元素。

有5个可用的预设seaborn样式：darkgrid、whitegrid、dark、white和ticks。可以利用sns.set_style()函数进行设置。例如，可以用如下代码设置dark样式（结果见图10.13）：

```
sns.set_style('dark')
sns.relplot(data=car_crashes,
            x='total',
            y='not_distracted')
```

设置图表刻度元素的主题取决于目标展示形式，包括paper、notebook、talk和poster。

可以使用sns.set_context函数设置这些主题：

```
sns.set_context('talk')
```

如果重绘数据，则刻度将被调整（结果见图10.14）：

```
sns.relplot(data=car_crashes,
```

```
    x='total',
    y='not_distracted')
```

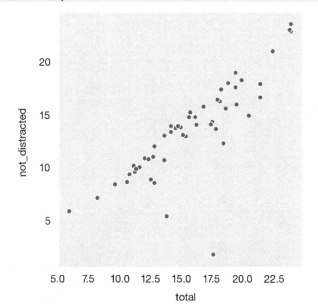

图10.13　使用dark样式主题

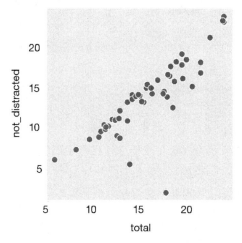

图10.14　使用sns.set_context函数重绘数据

　　seaborn提供了许多图表类型。寻找数据相关关系的一个有用方式是利用sns.pairplot()，它会以表格形式创建多个轴域，绘出数据框各列之间的关系。可以使用下列代码创建鸢尾花数据集的pairplot（结果见图10.15）：

```
df = sns.load_dataset('iris')
```

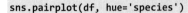

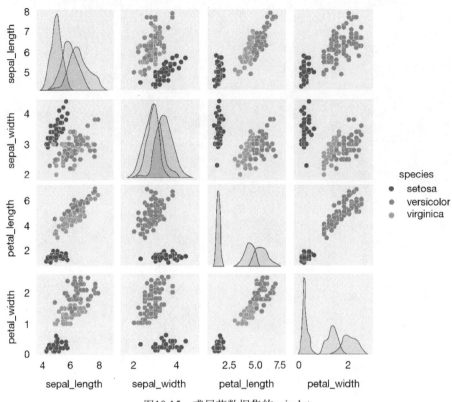

图10.15　鸢尾花数据集的pairplot

10.3　Plotly

　　Matplotlib和seaborn都是创建可发布静态图表的绝佳工具，它们也都可以用于创建交互式数据展示。但是Plotly和Bokeh是专为创建高质量交互式图表而设计的库。Plotly提供了许多图表类型，其中一个突出的特性是易于创建三维图表。图10.16展示了一个动态图表的静态版本。如果在笔记本中运行这些代码，就可以对其进行旋转和缩放：

```python
import plotly.express as px
iris = px.data.iris()
fig = px.scatter_3d(iris,
                    x='sepal_length',
                    y='petal_width',
                    z='petal_length',
                    color='species')
fig.show()
```

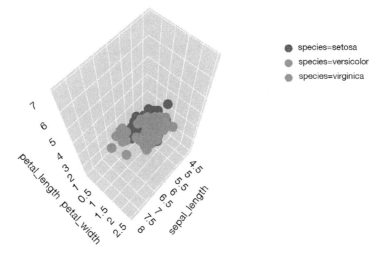

species=setosa

species=versicolor

species=virginica

图10.16 动态图表的静态版本

10.4 Bokeh

除了Plotly之外，Bokeh也是创建交互式图表的简便方式。Bokeh的突出特点之一，是它在特殊数据对象ColumnDataSource中的应用。这一对象提供了更优的性能，数据可以更新或追加，而不需要重新加载数据的状态。数据源也可以在许多画布之间共享，一块画布中的数据交互可以直接修改另一块画布中的数据。清单10.2创建了共享数据对象的多块画布，结果如图10.17所示。

> **注意**
> Bokeh需要Colab进行额外的安装，这里展示了Bokeh的能力，但没有展示如何在Colab中绘图。

清单 10.2　Bokeh 共享数据

```python
from bokeh.io import output_notebook
from bokeh.plotting import figure, show
from bokeh.models import ColumnDataSource
from bokeh.layouts import gridplot
Y = [x for x in range(0,200, 2)]
Y1 = [x**2 for x in Y]
X = [x for x in range(100)]
data={'x':X,
      'y':Y,
      'y1':Y1}

TOOLS = "box_select"                     # 选择交互工具
```

```
source = ColumnDataSource(data=data) # 创建 ColumnDataSource
left = figure(tools=TOOLS,
              title='Brushing')        # 利用选定的交互工具创建画布

left.circle('x',
            'y',
            source=source)            # 在第一块画布上绘制圆形曲线

right = figure(tools=TOOLS,
               title='Brushing')       # 利用选定的交互工具创建画布
right.circle('x',
             'y1',
             source=source)           # 在第二块画布上绘制圆形曲线

p = gridplot([[left, right]])         # 将画布置于网格上
show(p)                               # 显示网格
```

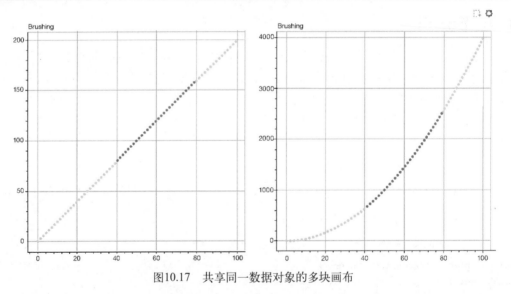

图10.17   共享同一数据对象的多块画布

输出的画布支持使用选定的交互工具跨轴域选择。这意味着如果在一个图表中选择一个区域，则另一个图表相应区域的数据点也会被同时选中。

10.5   其他可视化库

除了本章介绍的库之外，还有很多优秀的可视化库，下面是一些值得探索的库。

❑ Geoplotlib：支持可视化地图和地理数据。

❑ Ggplot：基于R语言包Ggplot2。

❑ Pygal：支持便捷创建简单图表。

❑ Folium：支持创建交互式地图。

❑ MissingNo.：支持对有缺失数据进行可视化。

10.6 本章小结

可视化是数据探索中极为重要的部分，也是数据展示的重要环节。有许多库可用于数据可视化，每个库都各有特色和专长。Matplotlib是许多其他库的基础，其功能繁多，但学习曲线陡峭。seaborn是建立在Matplotlib基础上的统计学可视化库，改变图表外观、针对不同媒介创建图表都更为简单。Plotly和Bokeh都是针对创建可视化图表和仪表盘而设计的。

10.7 问题

试基于下例回答随后各题：

```python
import matplotlib.pyplot as plt
import seaborn as sns
import pandas as pd

data = {'X' : [x for x in range(50)],
        'Y' : [y for y in range(50, 0, -1)],
        'Y1': [y**2 for y in range(25, 75)]}

df = pd.DataFrame(data)
```

1．利用Matplotlib绘制列X和Y的关系。

2．利用Matplotlib将列X和Y1的关系加入同一图表。

3．利用Matplotlib将第1、第2题的图表绘制在同一画布的不同轴域中。

4．利用seaborn将主题修改为darkgrid，并重绘第3题的图表。

第 11 章

机器学习库

本章内容

- ❑ 常用机器学习库概述
- ❑ scikit-learn 简介
- ❑ 机器学习流程概述

机器学习是让计算机找到一种使用数据解决问题的方法,而传统的编程是由程序员用代码定义查找解答的方法,而非解答本身。本章简单介绍一些常用于机器学习的库,这些库实现了创建和训练机器学习模型的算法。基于不同的问题,这些模型会有不同的应用。例如,一些模型用于预测未来值,而另一些模型则用于将数据分类成组或类。

11.1 常用机器学习库

4个最常用的机器学习库是TensorFlow、Keras、PyTorch和scikit-learn。

- ❑ TensorFlow:Google为内部应用开发了这个强大的库,它可以利用深度学习解决问题,这包括定义变换数据的层,以及调整解决方案使其适合数据的层。
- ❑ Keras:这个开源库的设计是与TensorFlow并用的,现已包含于TensorFlow。
- ❑ PyTorch:这是Facebook开发的可用于生产的机器学习库。它基于Torch库,将GPU用于解决深度学习的问题。
- ❑ scikit-learn:这个常用的机器学习的入门库建立在NumPy和SciPy基础之上,包含着大多数传统算法的类,将在11.2节详细讲解。

11.2 机器学习如何工作

机器学习算法可分为两类:无监督学习和有监督学习。无监督学习涉及在无预先已知结果进行测试的情况下发现对数据的洞察与见解。这常常是指在没有数据工程师输入的前提下,基于数据本身的特征发现规律。而有监督学习涉及利用已知数据来训练和检测模型。通常,训练一个有监督模型的步骤为:

1. 数据转换；
2. 分离测试数据；
3. 训练模型；
4. 测试准确性。

scikit-learn提供了简化各步骤的工具，后面几节将进行讨论。

11.2.1 转换

对于一些算法而言，在训练模型之前最好先对数据进行转换。例如，你可能需要将连续的变量（如年龄）转换为离散的分类（如年龄范围）。scikit-learn包含许多转换方法，例如数据清洗转换、特征提取、降维、扩增等。这些方法以类的形式提供，通常使用.fit()方法定义转换方式，再用.transform()方法通过该转换方式转换数据。清单11.1利用了MinMaxScalar转换器，它将数据放缩到预定的范围内，默认范围为0~1。

清单 11.1　利用 MinMaxScalar 进行转换

```
import numpy as np
from sklearn.preprocessing import MinMaxScaler

data = np.array([[100,  34,   4],
                  90,   2,   0],
                  78, -12,  16],
                  23,  45,   4]]) # 数据范围从 -12 到 100 的数组

data
array([[100,  34,   4],
       [ 90,   2,   0],
       [ 78, -12,  16],
       [ 23,  45,   4]])

minMax = MinMaxScaler()          # 创建转换器对象
scaler = minMax.fit(data)        # 将转换器应用于数据

scaler.transform(data)           # 将数据范围放缩到 0~1 之间
array([[1.        , 0.80701754, 0.25      ],
       [0.87012987, 0.24561404, 0.        ],
       [0.71428571, 0.        , 1.        ],
       [0.        , 1.        , 0.25      ]])
```

也许有时你想先划分数据，再进行转换，这时转换器的设置不会受测试数据的影响。拟合和转换的方法不同。比较方便的做法是先对训练数据进行拟合，再将其应用于测试数据的转换。

11.2.2　划分测试与训练数据

训练模型时需要规避的陷阱之一是过拟合，即模型可以完美预测训练数据，但对新数据的预测力很弱。简言之，不使用训练中的数据来测试模型，就可以避免过拟合。

在介绍分割数据的示例之前，可以加载一个简单的示例。与许多其他的数据科学库一样，scikit-learn也包含一些样例数据集。清单11.2加载了iris数据集。注意.load_iris()函数加载了两个NumPy数组：第一个是源数据（用于预测的特征），第二个是要预测的目标特征。对于iris数据集来说，源数据共150组，每组有4个特征。此外，该数据集有150个目标，表示鸢尾花的类型。

清单 11.2　加载样例数据集

```
from sklearn import datasets # 加载样例数据集
source, target = datasets.load_iris(return_X_y=True) # 加载源和目标

print(type(source))
<class 'numpy.ndarray'>
print(source.shape)
(150, 4)

print(type(target))
<class 'numpy.ndarray'>
print(target.shape)
(150,)
```

清单11.3利用scikit-learn函数train_test_split()将库提供的iris数据集划分为训练集和测试集。可以看到样例划分后，训练集有112组，测试集有38组。

清单 11.3　划分数据集

```
from sklearn.model_selection import train_test_split

train_s, test_s, train_t, test_t = train_test_split(source, target)
train_s.shape
(112, 4)

train_t.shape
(112,)

test_s.shape
(38, 4)
```

```
test_t.shape
(38,)
```

11.2.3　训练与测试

scikit-learn提供了许多表示不同机器学习算法的类，这些类称为估计器（estimator）。许多估计器都可以在初始化时利用参数进行调整。每个估计器都有训练模型的.fit()方法，大多数.fit()方法都需要两个参数，第一个是某种形式的训练数据，称为样本（sample）；第二个是这些样本的结果或目标。这两个参数都应该是类似数组的对象，例如NumPy数据。训练完成后，模型就可以利用其.predict()方法预测结果。预测的准确性可以用方法模块中的函数进行检查。

清单11.4展示了一个应用KNeighborsClassifier估计器的简单示例。k近邻算法是根据特征的距离进行分组的算法，它将新样本与其距离最近的现有样本进行比较来预测。可以通过选择将新样本与多少个邻居进行比较来调整算法。当模型完成训练后，还可以使用测试数据进行预测，并检测预测的准确性。

清单 11.4　训练模型

```
from sklearn.neighbors import KNeighborsClassifier  # 引入估计器类
from sklearn import metrics                          # 引入 metrics 模块以测试准确性
knn = KNeighborsClassifier(n_neighbors=3)            # 创建邻域为 3 的估计器
knn.fit(train_s, train_t)                            # 利用训练数据训练模型
test_prediction = knn.predict(test_s)               # 利用源数据进行预测

metrics.accuracy_score(test_t, test_prediction)     # 测试数据的准确性
0.8947368421052632
```

11.3　进一步学习scikit-learn

本章只介绍了scikit-learn功能的一些皮毛。它还有许多重要的特性，如交叉检验（即多次划分数据集以避免在测试数据上发生过拟合）、管线（即将转换器、估计器和交叉检验打包在一起）等。如果想进一步学习scikit-learn，可以在其官方网站找到很好的教程。

11.4　本章小结

主流Python机器学习库中有许多用于创建机器学习模型的算法。TensorFlow是Google创建的深度学习库，PyTorch是Facebook基于Torch开发的库。scikit-learn是入门机器学习的常用库，它有许多模块和函数，能完成创建、分析模型等步骤。

11.5   问题

1．scikit-learn转换器用于训练有监督估计器的哪个步骤？

2．在机器学习中，为什么分割训练数据和测试数据很重要？

3．在进行数据转换和模型训练之后，应该做什么？

第 **12** 章

自然语言工具箱

本章内容

- ❑ 自然语言工具箱简介
- ❑ 访问并加载示例文本
- ❑ 使用频度分布
- ❑ 文本对象
- ❑ 文本分类

使用计算机对文本进行深入分析是非常有用的，致力于深入分析文本的数据科学子领域称为自然语言处理。自然语言工具箱（Natural Language ToolKit，NLTK）是处理语言所必需的Python包。本章将对这个强大的包进行简要介绍。

12.1　NLTK示例文本

NTLK包提供了多种来源的示例文本，可以下载它并用于探索自然语言处理。古登堡计划（Project Gutenberg）是提供在线电子书的项目，其中包含了大量公共领域的书籍。这一项目的一部分可用NTLK下载使用，使用nltk.download()函数将数据下载到主目录下的nltk_data/corpora路径中即可：

```
import nltk
nltk.download('gutenberg')
[nltk_data] Downloading package gutenberg to
[nltk_data] /Users/kbehrman/nltk_data...
[nltk_data] Unzipping corpora/gutenberg.zip.
True
```

可以在Python会话中将数据引入为语料库阅读器（corpus reader）对象：

```
from nltk.corpus import gutenberg
gutenberg
<PlaintextCorpusReader in '/Users/kbehrman/nltk_data/corpora/gutenberg'>
```

> **注意**
> 　　每个语料库阅读器均可用于读取NTLK提供的某个特定文本集。

不同的文本来源有不同的语料库阅读器。本例使用针对纯文本的PlaintextCorpusReader。可以使用fileids()方法查看可用文本，这一方法会列出可以加载的文本的文件名。

```
gutenberg.fileids()
['austen-emma.txt',
 'austen-persuasion.txt',
 'austen-sense.txt',
 'bible-kjv.txt',
 'blake-poems.txt',
 'bryant-stories.txt',
 'burgess-busterbrown.txt',
 'carroll-alice.txt',
 'chesterton-ball.txt',
 'chesterton-brown.txt',
 'chesterton-thursday.txt',
 'edgeworth-parents.txt',
 'melville-moby_dick.txt',
 'milton-paradise.txt',
 'shakespeare-caesar.txt',
 'shakespeare-hamlet.txt',
 'shakespeare-macbeth.txt',
 'whitman-leaves.txt']
```

语料库阅读器阅读文本有几种不同的方法，可以在加载文本时将其按照词、句或段落进行分割。清单12.1采用这3种格式加载了威廉·莎士比亚的作品《裘力斯·凯撒》（*Julius Caesar*）。

清单 **12.1**　加载文本

```
caesar_w = gutenberg.words('shakespeare-caesar.txt') # 词的列表
caesar_w
['[', 'The', 'Tragedie', 'of', 'Julius', 'Caesar', ...]


nltk.download('punkt')                               # 下载定义句子结束的分词器
[nltk_data] Downloading package punkt to /Users/kbehrman/nltk_data...
[nltk_data] Unzipping tokenizers/punkt.zip.
True


caesar_s = gutenberg.sents('shakespeare-caesar.txt') # 句子列表
caesar_s
[['[', 'The', 'Tragedie', 'of', 'Julius', 'Caesar', 'by', 'William',
    'Shakespeare', '1599', ']'], ['Actus', 'Primus', '.'], ...]


caesar_p = gutenberg.paras('shakespeare-caesar.txt') # 段落列表
```

```
caesar_p
[[['[', 'The', 'Tragedie', 'of', 'Julius', 'Caesar', 'by', 'William', 'Shakespeare',
'1599', ']']], [['Actus', 'Primus', '.'], ['Scoena', 'Prima', '.']], ...]
```

注意在将文本分割为句子之前，需要下载Punkt分词器。分词器是用于标记或分隔文本的标记，Punkt分词器用于将文本划分为句子，可用于许多不同语言。

清单12.2展示了如何利用shell命令ls查看主目录下的NLTK子目录，列出目录中的对象和子目录。可以看到其中有语料库和分词器的目录。在语料库目录中，可以看到下载的语料，而在分词器目录下，可以看到下载的分词器。punkt子目录就包含针对不同语言的文件。

清单 12.2　数据目录

```
!ls /root/nltk_data
corpora              tokenizers

!ls /root/nltk_data/corpora
gutenberg            gutenberg.zip

!ls /root/nltk_data/tokenizers
punkt                punkt.zip

!ls /root/nltk_data/tokenizers/punkt
PY3                english.pickle      greek.pickle       russian.pickle
README             estonian.pickle     italian.pickle     slovene.pickle
czech.pickle       finnish.pickle      norwegian.pickle   spanish.pickle
danish.pickle      french.pickle       polish.pickle      swedish.pickle
dutch.pickle       german.pickle       portuguese.pickle  turkish.pickle
```

12.2　频度分布

可以利用nltk.FreqDist类对文本中每个词出现的次数进行统计。这个类中的方法可以找到哪个词出现得最频繁，以及文本中包含多少个不同的词（此处的词是指任何不含空格的文本片段）。

FreqDist会将标点符号作为单独的词，下例利用FreqDist找出了文本中最常出现的词：

```
caesar_dist = nltk.FreqDist(caesar_w)
caesar_dist.most_common(15)
[(',', 2204),
 ('.', 1296),
 ('I', 531),
 ('the', 502),
 (':', 499),
 ('and', 409),
```

```
("'", 384),
('to', 370),
('you', 342),
('of', 336),
('?', 296),
('not', 249),
('a', 240),
('is', 230),
('And', 218)]
```

　　如果想统计除标点符号之外最常出现的词，还可以将标点符号过滤掉。Python标准库string模块含有的标点符号属性就可以支持这一需求。清单12.3对文本中的词进行遍历，并判断其是否为标点符号。若不是，则加入新的列表caesar_r。这个列表也会对比原文件和过滤结果的长度，发现文本中共有4960个标点符号。清单12.3最后重新给出最常出现的非标点符号词语分布。

清单 12.3　去除标点符号

```
import string
string.punctuation # 查看标点符号字符串
'!"#$%&\'()*+,-./:;<=>?@[\\]^_'{|}~'


caesar_r = []
for word in caesar_w:
    if word not in string.punctuation:
        caesar_r.append(word) # 追加非标点符号词语


len(caesar_w) - len(caesar_r) # 求标点符号的数量
4960


caesar_dist = nltk.FreqDist(caesar_r)
caesar_dist.most_common(15)
[('I', 531),
 ('the', 502),
 ('and', 409),
 ('to', 370),
 ('you', 342),
 ('of', 336),
 ('not', 249),
 ('a', 240),
 ('is', 230),
 ('And', 218),
 ('d', 215),
 ('in', 204),
 ('that', 200),
 ('Caesar', 189),
```

```
('my', 188)]
```

根据清单12.3可知，Caesar在文本中出现了189次。其他常见词并没有提供文本的深层信息。若要过滤掉类似"the""is"的常用词，可使用NLTK中的stopwords（停用词）语料库。清单12.4展示了如何下载这一语料库，并在过滤掉这些词后重新求解频数分布。

清单 12.4　过滤停用词

```
nltk.download('stopwords')                    # 下载停用词语料库
from nltk.corpus import stopwords
[nltk_data] Downloading package stopwords to
[nltk_data] /Users/kbehrman/nltk_data...
[nltk_data] Unzipping corpora/stopwords.zip.

english_stopwords = stopwords.words('english') # 加载英语停用词
english_stopwords[:10]
['i', 'me', 'my', 'myself', 'we', 'our', 'ours', 'ourselves', 'you', "you're"]

caesar_r = []
    for word in caesar_w:
        if word not in string.punctuation:
            if word.lower() not in english_stopwords:
                caesar_r.append(word)          # 不是标点符号，也不是停用词

len(caesar_w) - len(caesar_r)
14706

caesar_dist = nltk.FreqDist(caesar_r)
caesar_dist.most_common(15)
[('Caesar', 189),
 ('Brutus', 161),
 ('Bru', 153),
 ('haue', 128),
 ('shall', 107),
 ('Cassi', 107),
 ('thou', 100),
 ('Cassius', 85),
 ('Antony', 75),
 ('know', 66),
 ('Enter', 63),
 ('men', 62),
 ('vs', 62),
 ('man', 58),
 ('thee', 55)]
```

现在的词语列表展示了对文本的深入分析：可以看到哪个角色最常被提到。Caesar和Brutus果然出现在列表的最顶端。

清单12.5介绍了FreqDist类中的一些其他方法。

清单 12.5　FreqDist 类

```
caesar_dist.max()          # 获取最常见的词
'Caesar'

caesar_dist['Cassi']       # 获取某个词出现的次数
107

caesar_dist.freq('Cassi')  # 某个词出现的次数除以总词数
0.009616248764267098

caesar_dist.N()            # 获取总词数
11127

caesar_dist.tabulate(10)   # 展示出现最多的 10 个词的频数
Caesar Brutus  Bru haue shall Cassi thou Cassius Antony know
189    161     153 128   107   107  100   85       75    66
```

FreqDist类也提供了内置的绘图方法。下例绘出了前10个最常出现的词和它们的频数（结果见图12.1）：

```
caesar_dist.plot(10)
```

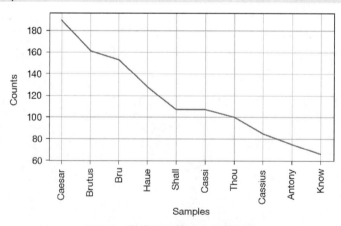

图12.1　最常出现的10个词和频数

12.3　文本对象

NLTK库中的Text类所提供的功能对于开始探索一个新的文本是非常有用的。Text类以词列表作为参数进行初始化：

```
from nltk.text import Text
caesar_t = Text(caesar_w)
type(caesar_t)
nltk.text.Text
```

Text.concordance()方法会显示某个词的上下文。下例列出了Antony这个词的5个上下文：

```
caesar_t.concordance('Antony', lines=5)
Displaying 5 of 75 matches:
efulnesse . Exeunt . Enter Caesar , Antony for the Course , Calphurnia , Porti
Of that quicke Spirit that is in Antony : Let me not hinder Cassius your de
He loues no Playes , As thou dost Antony : he heares no Musicke ; Seldome he
r ' d him the Crowne ? Cask . Why Antony Bru . Tell vs the manner of it , ge
I did not marke it . I sawe Marke Antony offer him a Crowne , yet ' twas not
```

Text.collocations()方法会展示最常出现的词对：

```
caesar_t.collocations(num=4)
Mark Antony; Marke Antony; Good morrow; Caius Ligarius
```

Text.similar()方法会找出哪些词与给定的词出现在相似的上下文环境中：

```
caesar_t.similar('Caesar')
me it brutus you he rome that cassius this if men worke him vs feare world thee
```

Text.findall()方法会搜索并输出符合给定正则表达式的文本。在定义正则表达式的模式时，可以利用<和>定义词语边界，用*通配符表示任意文字。下列模式可找出在O之后出现的、以C开头的所有词。

```
caesar_t.findall(r'<O><C.*>')
O Cicero; O Cassius; O Conspiracie; O Caesar; O Caesar; O Caesar; O
Constancie; O Caesar; O Caesar; O Caesar; O Cassius; O Cassius; O
Cassius; O Coward; O Cassius; O Clitus
```

Text.dispersion_plot()方法支持对比给定词语在文本中的出现情况（结果见图12.2）：

```
caesar_t.dispersion_plot(['Caesar', 'Antony', 'Brutus', 'Cassi'])
```

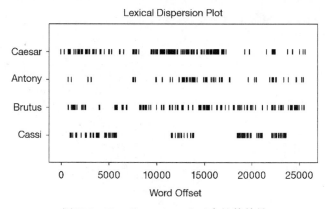

图12.2　Text.dispersion_plot()方法的结果

12.4   文本分类

NLTK的分类器类实现了处理文本数据标签的不同算法。通常，要建立文本分类模型，需要准备一组特征，并与类别或标签相配对。本节的简单案例用到了可在NLTK中获取的布朗语料库，这一语料库已有预先分类的文本。

假设人们相信可以利用某些特定词语是否出现，来判断某段落所属文本是社论还是小说，且这些特定词语已在tell_words列表中给出：

```
tell_words = ['american', 'city', 'congress', 'country', 'county',
              'editor', 'fact', 'government', 'national', 'nuclear',
              'party', 'peace', 'political', 'power', 'president',
              'public', 'state', 'states', 'united', 'war',
              'washington', 'world', 'big', 'church', 'every', 'eyes',
              'face', 'felt', 'found', 'god', 'hand', 'head', 'home',
              'house', 'knew', 'moment', 'night', 'room', 'seemed',
              'stood', 'think', 'though', 'thought', 'told', 'voice']
```

清单12.6展示了如何下载所需要的语料库，并获取社论段落和小说段落。

清单 12.6   下载语料库

```
nltk.download('brown')                    # 下载语料库
[nltk_data] Downloading package brown to /Users/kbehrman/nltk_data...
[nltk_data] Unzipping corpora/brown.zip.

from nltk.corpus import brown
nltk.download('stopwords')
from nltk.corpus import stopwords
english_stopwords = stopwords.words('english')

ed_p = brown.paras(categories='editorial') # 只加载社论段落

fic_p = brown.paras(categories='fiction')  # 只加载小说段落

print(len(ed_p))
1003

print(len(fic_p))
1043
```

语料库所提供的段落格式是列表的列表，其中的子列表代表句子。为了完成本例的目标，可以先获取每个段落中的词语。清单12.7定义了一个扁平化方法，可将各数据集中的段落扁平化为词语。

清单 12.7 扁平化嵌套列表

```
def flatten(paragraph):
output = set([])                        # 使用集合，因为只关心词语是否出现
    for item in paragraph:
        if isinstance(item, (list, tuple)): # 添加列表或元组项目
            output.update(item)
        else:
            output.add(item)            # 添加项目
    return output

ed_flat = []
for paragraph in ed_p:
    ed_flat.append(flatten(paragraph))      # 将社论段落扁平化
fic_flat = []
for paragraph in fic_p:
    fic_flat.append(flatten(paragraph))     # 将小说段落扁平化
```

接下来，需要根据每个段落的源文本类型，将段落与标签匹配。清单12.8对社论文本和小说文本均进行这一步骤，并使用random模块中的shuffle方法打乱顺序，排除顺序对分类的影响。

清单 12.8 标记数据

```
labeled_data = []
for paragraph in ed_flat:
    labeled_data.append((paragraph, 'editorial'))

for paragraph in fic_flat:
    labeled_data.append((paragraph, 'fiction'))

from random import shuffle
shuffle(labeled_data)
```

分类器并不会使用原段落，而是需要一个特征集。这个特征集应为字典形式，展示特征到值的映射。清单12.9定义了创建特征字典的函数，若段落中包含某个词则设为True，否则为False。之后，这个字典将用于匹配特征和标签。最后，这些信息会被分割为训练数据和测试数据，用于训练分类器。

清单 12.9 定义特征

```
def define_features(paragraph):
    features = {}
    for tell_word in tell_words:
        features[tell_word] = tell_word in paragraph
    return features
```

```
feature_data = []
    for labeled_paragraph in labeled_data:
        paragraph, label = labeled_paragraph
        feature_data.append((define_features(paragraph), label,))


train_data = feature_data[:1400]
test_data = feature_data[1400:]
```

清单12.10展示了如何利用nltk.NaiveBayesClassifier类训练模型，如何使用训练好的模型对一个特征集进行分类，如何检查哪些词在训练中具有较大影响，以及如何使用测试数据计算准确度。

清单 12.10　训练和测试模型

```
bayes = nltk.NaiveBayesClassifier.train(train_data) # 训练模型
bayes.classify(train_data[0][0])                     # 将训练集中的一个段落进行分类
'fictio'


bayes.show_most_informative_features()
Most Informative Features
              knew = True        fictio : editor =    22.3 : 1.0
            editor = True        editor : fictio =    16.6 : 1.0
             stood = True        fictio : editor =    16.0 : 1.0
         political = True        editor : fictio =    14.5 : 1.0
           nuclear = True        editor : fictio =    12.4 : 1.0
        government = True        editor : fictio =    10.8 : 1.0
           thought = True        fictio : editor =    10.2 : 1.0
            seemed = True        fictio : editor =     7.0 : 1.0
          national = True        editor : fictio =     6.6 : 1.0
            public = True        editor : fictio =     6.5 : 1.0


nltk.classify.accuracy(bayes, test_data)             # 查看准确度
0.6842105263157895
```

可以看到，这个模型对测试数据进行标签预测的准确率约为66%，比随机猜测的结果要好。

这个例子可以帮助用户感知NLTK分类器的使用。除了本章学习的内容，NLTK还有很多其他内容。如果想进一步学习使用NLTK进行自然语言处理，可以参考这个库的创建者的著作《Python自然语言处理》（*Natural Language Processing with Python*）。

12.5　本章小结

NLTK库包含了处理文本的工具，以及一些可以下载并使用的示例文本。FreqDist类可用于了解不同词语出现的频率，Text类提供了探索新文本的便捷手段。NLTK包含一些内置分类器，可根据训练数据对文本分类。

12.6 习题

1．分别用词、句子、段落的形式加载简·奥斯汀的作品《爱玛》（*Emma*）。

2．统计刘易斯·卡洛尔的作品《爱丽丝梦游仙境》（*Alice in Wonderland*）中，各词语出现的次数。

3．利用tabulate浏览《爱丽丝梦游仙境》中出现次数位于前10的词语，不包括标点符号和停用词。

4．找出《爱丽丝梦游仙境》中与rabbit相似的词语。

5．利用names语料库，寻找《哈姆雷特》（*Hamlet*）中出现次数位于前10的名字。

第Ⅲ部分

Python中级知识

第 **13** 章

函数式编程

本章内容

- ❏ 函数式编程简介
- ❏ 状态与作用域
- ❏ 函数式函数
- ❏ 列表推导式
- ❏ 生成器

Python程序基本上是由一系列简单或复合的语句构成的，这些语句的组织方式会影响程序的性能、可读性和可修改性。广泛采用的编程方法包括过程式编程、函数式编程、面向对象编程等。本章将介绍一些函数式编程的概念，例如推导式、生成器，这些概念都是从纯粹的函数式语言中借用而来的。

13.1 函数式编程简介

函数式编程以函数的数学定义为基础，即，函数会将一个输入映射为一个输出。对于任何输入，都只能有一个输出。换言之，特定输入对应的输出总是相同的。一些编程语言，例如Haskell和Erlang，严格遵守这一限制。而Python则比较灵活，它可以采用一些函数式编程的概念，但不需要严格的要求。Python中的函数式编程有时也被称为轻量函数式编程。

13.1.1 作用域与状态

程序的状态由程序在某一时刻的名称、定义和值组成，包括函数的定义、引入的模块、变量被赋予的值等。状态拥有自己的作用域，即程序的状态起作用的区域。作用域是有层级的，当缩进某个代码块时，它就拥有了嵌套的作用域，即它会继承未缩进代码的作用域，但不能直接改变外层的作用域。

清单13.1所示的代码设置了外层作用域中变量a和b的值，然后函数代码块将a设为不同的值并输出两个变量。可以看到当函数被调用时，它会采用自己对变量a的定义，但也能从外层作用域继承变量b的定义。外层作用域中，函数对a的赋值将被忽视，这是因为其不在函数的作用域中。

清单 13.1　继承作用域

```
a = 'a outer'
b = 'b outer'

def scoped_function():
    a = 'a inner'
    print(a)
    print(b)

scoped_function()
a inner
b outer

print(a)
a outer

print(b)
b outer
```

13.1.2　依赖全局状态

本书目前为止的代码大多都采用过程式编程方法，在这种方法中，当前状态由在此之前运行的语句定义。这一状态将在整个程序中共享，并持续进行修改。这意味着利用状态决定输出的函数，可能在不同的时间产生不同的输出，即使其输入是相同的。接下来看几个例子，比较过程式编程和函数式编程的差异。

清单13.2定义了函数describe_the_wind()，利用外层作用域定义的变量wind，返回一个句子。可以看到变量不同，函数的返回也不同。

清单 13.2　依赖外层作用域

```
wind = 'Southeast'

def describe_the_wind():
    return f'The wind blows from the {wind}'

describe_the_wind()
'The wind blows from the Southeast'
```

```
wind = 'North'
describe_the_wind()
'The wind blows from the North' f
```

更符合函数式编程的方法，是以参数的形式传递这个变量。如果这样做，无论外层状态如何，只要传入的变量相同，函数的返回就相同。

```
def describe_the_wind(wind):
    return f'The wind blows from the {wind}'

describe_the_wind('Northeast')
'The wind blows from the Northeast'
```

13.1.3 改变状态

除了不依赖外层状态之外，函数式函数也不应该直接改变外层状态。清单13.3展示的程序会在函数change_wind()内部改变外层状态变量WIND。注意，使用关键字global会改变外层状态变量，而不是在内层状态中定义一个新变量。

清单 **13.3** 改变外层作用域

```
WINDS = ['Northeast', 'Northwest', 'Southeast', 'Southwest']
WIND = WINDS[0]

def change_wind():
    global WIND
    WIND = WINDS[(WINDS.index(WIND) + 1)%3]

WIND
'Northeast'

change_wind()
WIND
'Northwest'

for _ in WINDS:
    print(WIND)
    change_wind()
Northwest
Southeast
Northeast
Northwest
```

而得到相同输出的更加函数式的方法，是将变量winds移动到内层状态中，并让函数change_wind()接收一个决定其输出的参数，如清单13.4所示。

清单 13.4　不改变外层作用域

```
def change_wind(wind_index):
    winds = ['Northeast', 'Northwest', 'Southeast', 'Southwest']
    return winds[wind_index]

print( change_wind(0) )
Northeast

print( change_wind(1) )
Northwest

print( change_wind(2) )
Southeast

print( change_wind(3) )
Southwest
```

13.1.4　修改可变数据

　　改变外层状态的一个不易察觉的方法是传递可变对象。前面学习过，列表、字典是可变对象，即其内容可以被改变的对象。如果在外层状态设置了一个变量，以参数的形式传递给函数，然后在函数的内层状态中修改变量的值，则变量在外层状态中仍会维持其原来的值。例如：

```
b = 1

def foo(a):
    a = 2

foo(b)
print(b)
1
```

　　但是，如果将一个可变对象，例如字典，以参数的形式传递给函数，则函数对这个对象的任何修改，都会反映到外层状态中。下例定义的函数以字典作为参数，并修改了其中一个值：

```
d = {"vehicle": "ship", "owner": "Joseph Bruce Ismay"}

def change_mutable_data(data):
    '''A function which changes mutable data.'''
    data['owner'] = 'White Star Line'

change_mutable_data(d)
print(d)
{'vehicle': 'ship', 'owner': 'White Star Line'}
```

　　可以看到，传入函数的字典d在外层状态中的值也已改变。

这种修改外层可变对象的方法可能会导致隐蔽的错误。如果数据结构不太大，避免这种问题的方式之一，是在内层作用域中创建对象的一个副本，并在副本上进行操作：

```
d = {"vehicle": "ship", "owner": "Joseph Bruce Ismay"}

def change_owner(data):
    new_data = data.copy()
    new_data['owner'] = 'White Star Line'
    return new_data

changed = change_owner(d)
changed
{'owner': 'White Star Line', 'vehicle': 'ship'}
```

在副本上进行操作，就可以更容易地看到哪些值被修改了。

13.1.5 函数式编程中的函数

来自函数式编程世界中的3个Python内置函数分别是map()、filter()和reducer()。

map()函数作用于值的序列，并返回一个map对象。输入序列可以是任何可迭代对象，例如Python序列。返回的map对象也可被迭代，因此可以循环或将其转化为列表，并查看结果：

```
def grow_flowers(d):
    return d * "❀"

gardens = map(grow_flowers, [0,1,2,3,4,5])
type(gardens)
map

list(gardens)
['', '❀', '❀❀', '❀❀❀', '❀❀❀❀', '❀❀❀❀❀']
```

可以向map()提供一个多参数的函数，并提供多个输入值的序列。

```
l1 = [0,1,2,3,4]
l2 = [11,10,9,8,7,6]

def multi(d1, d2):
    return d1 * d2

result = map(multi, l1, l2)
print( list(result) )
 [0, 10, 18, 24, 28]
```

注意在本例中，一个输入序列比另一个更长。map()函数在遇到较短序列的末尾时就会停止。

reduce()函数也能以函数和可迭代对象作为参数。它会根据输入，使用这个函数生成一个返回值。例如，如果想从账户余额中扣除某金额，就可以使用for循环，例如：

```
initial_balance = 10000
```

```
debits = [20, 40, 300, 3000, 1, 234]

balance = initial_balance

for debit in debits:
    balance -= debit

balance
6405
```

也可以使用reduce()函数取得相同的效果，例如：

```
from functools import reduce

inital_balance = 10000
debits = [20, 40, 300, 3000, 1, 234]

def minus(a, b):
    return a - b

balance = reduce(minus, debits, initial_balance)
balance
6405
```

operator模块以函数的形式提供了所有标准运算，包括标准数学运算的函数。可以使用operator.sub()函数作为reduce()的参数，代替minus()函数：

```
from functools import reduce
import operator

initial_balance = 10000
debits = [20, 40, 300, 3000, 1, 234]

reduce(operator.sub, debits, initial_balance)
6405
```

filter()函数以一个函数和一个可迭代对象作为参数，这个函数应基于不同的项目返回True或False。结果是一个可迭代对象，仅包含函数值为True所对应的输入值。例如，要想获取字符串中的大写字母，可以定义一个检验某字符是否为大写字母的函数，并将字符串传入filter()：

```
charles = 'ChArlesTheBald'

def is_cap(a):
    return a.isupper()

retval = filter(is_cap, charles)
list(retval)
['C', 'A', 'T', 'B']
```

我十分推荐在map()、filter()、reduce()函数中使用lambda函数。如果需要进行一个简单的比较，例如所有大于3、小于10的数，就可以使用lambda函数和range()编写简单易读的代码：

```
nums = filter(lambda x: x > 3, range(10))
list(nums)
[4, 5, 6, 7, 8, 9]
```

13.2　列表推导式

列表推导式是从函数式编程语言Haskell中借用的语法。Haskell是一种功能齐全的编程语言，其语法实现了纯粹的函数式方法。可以将列表推导式视为返回列表的单行for循环。尽管列表推导式来自函数式编程，但其应用已成为Python方法的标准。

13.2.1　列表推导式的基本语法

列表推导式的基本语法如下：

```
[ \<item returned\> for \<source item\> in \<iterable\> ]
```

例如，要将姓名列表中的每个项目的首字母大写，可以对每个项目利用x.title()方法：

```
names = ['tim', 'tiger', 'tabassum', 'theodora', 'tanya']
capd = [x.title() for x in names]
capd
['Tim', 'Tiger', 'Tabassum', 'Theodora', 'Tanya']
```

这与下列for循环等价：

```
names = ['tim', 'tiger', 'tabassum', 'theodora', 'tanya']
capd = []

for name in names:
    capd.append(name.title())

capd
['Tim', 'Tiger', 'Tabassum', 'Theodora', 'Tanya']
```

13.2.2　替代map和filter

可以利用列表推导式替代map()和filter()函数。例如，下列代码将数字0到5映射到将其插入字符串的函数：

```
def count_flower_petals(d):
    return f"{d} petals counted so far"

counts = map(count_flower_petals, range(6))

list(counts)
['0 petals counted so far',
```

```
'1 petals counted so far',
'2 petals counted so far',
'3 petals counted so far',
'4 petals counted so far',
'5 petals counted so far']
```

可以将这段代码替换为下列更简单的列表推导式：

```
[f"{x} petals counted so far" for x in range(6)]
['0 petals counted so far',
 '1 petals counted so far',
 '2 petals counted so far',
 '3 petals counted so far',
 '4 petals counted so far',
 '5 petals counted so far']
```

也可以向列表推导式加入一个条件，语法如下：

```
[ \<item returned\> for \<source item\> in \<iterable\> if \<condition\> ]
```

利用条件，可以轻松地复制filter()函数的功能。例如，下列filter()示例仅返回大写字母：

```
characters = ['C', 'b', 'c', 'A', 'b', 'P', 'g', 'S']
def cap(a):
    return a.isupper()


retval = filter(cap, characters)


list(retval)
['C', 'A', 'P', 'S']
```

可以用带条件的列表推导式替代这一函数：

```
characters = ['C', 'b', 'c', 'A', 'b','P', 'g', 'S']
[x for x in characters if x.isupper()]
['C', 'A', 'P', 'S']
```

13.2.3　多变量

如果可迭代对象中的项目是序列，就可以用多变量的方式将元素取出：

```
points = [(12, 3), (-1, 33), (12, 0)]

[ f'x: {x} y: {y}' for x, y in points ]
['x: 12 y: 3', 'x: -1 y: 33', 'x: 12 y: 0']
```

也可以在一个列表推导式中使用多个for语句，这与for循环嵌套的效果相同：

```
list_of_lists = [[1,2,3], [4,5,6], [7,8,9]]

[x for y in list_of_lists for x in y]
[1, 2, 3, 4, 5, 6, 7, 8, 9]
```

13.2.4 字典推导式

字典推导式的语法和列表推导式很相似，但在列表中追加的是一个值，而在字典中追加的是一个键值对。下例利用两个列表中的值创建了一个字典：

```
names = ['James', 'Jokubus', 'Shaemus']
scores = [12, 33, 23]

{ name:score for name in names for score in scores}
{'James': 23, 'Jokubus': 23, 'Shaemus': 23}
```

13.3 生成器

在处理较大的数值范围时，与使用列表相比，使用range对象的一大优势是，range对象只在请求时才计算结果，这意味着它的内存占用很小。生成器支持用户按需使用个人的计算结果来创建值，其工作方式与range对象类似。

13.3.1 生成器表达式

创建生成器的一种方法是利用生成器表达式，其与列表推导式的语法类似，只需将方括号换为圆括号。下例展示了如何用相同的运算创建列表和生成器并输出：

```
l_ten = [x**3 for x in range(10)]
g_ten = (x**3 for x in range(10))

print(f"l_ten is a {type(l_ten)}")
l_ten is a <class 'list'>

print(f"l_ten prints as: {l_ten}")
l_ten prints as: [0, 1, 8, 27, 64, 125, 216, 343, 512, 729]

print(f"g_ten is a {type(g_ten)}")
g_ten is a <class 'generator'>

print(f"g_ten prints as: {g_ten}")
g_ten prints as: <generator object <genexpr> at 0x7f3704d52f68>
```

打印列表时，可以看到其内容，但生成器不可以。要想从生成器中取值，还需要利用next()函数请求下一个值：

```
next(g_ten)
0
```

我们也更常使用for循环在生成器中迭代：

```
for x in g_ten:
    print(x)
1
```

```
8
27
64
125
216
343
512
729
```

因为生成器只能按需产生值，所以不能索引或切片：

```
g_ten[3]
---------------------------------------------------------------------------
TypeError                                 Traceback (most recent call last)
<ipython-input-6-e7b8f961aa33> in <module>()
      1
----> 2 g_ten[3]

TypeError: 'generator' object is not subscriptable
```

生成器相比于列表的一个重要优势是其内存占用更小。下例使用sys.getsizeof()函数对比列表和生成器的空间大小：

```
import sys
x = 100000000
l_big = [x for x in range(x)]
g_big = (x for x in range(x))

print( f"l_big is {sys.getsizeof(l_big)} bytes")
l_big is 859724472 bytes

print( f"g_big is {sys.getsizeof(g_big)} bytes")
g_big is 88 bytes
```

13.3.2 生成器函数

可以使用生成器函数创建更复杂的生成器。生成器函数看起来与普通函数无异，但用yield语句取代了return语句。生成器会保持其内部状态，并按需返回值：

```
def square_them(numbers):
    for number in numbers:
        yield number * number

s = square_them(range(10000))

print(next(s))
0
```

```
print(next(s))
1

print(next(s))
4

print(next(s))
9
```

生成器相比于列表的另一优势，是可以创建几乎无限长度的生成器，只要请求，就返回值。例如，可以利用生成器递增地请求数字：

```
def counter(d):
    while True:
        d += 1
        yield d


c = counter(10)

print(next(c))
11

print(next(c))
12

print(next(c))
13
```

清单13.5连用了4个生成器，这一方法既能让每个生成器易于理解，也能利用生成器即时计算的特性。

清单 13.5　生成器流水线

```
evens = (x*2 for x in range(5000000))
three_factors = (x//3 for x in evens if x%3 == 0)
titles = (f"this number is {x}" for x in three_factors)
capped = (x.title() for x in titles)

print(f"The first call to capped: {next(capped)}")
The first call to capped: This Number Is 0

print(f"The second call to capped: {next(capped)}")
The second call to capped: This Number Is 2

print(f"The third call to capped: {next(capped)}")
The third call to capped: This Number Is 4
```

利用生成器是提升代码性能的好方法，应该在迭代计算值的长序列时考虑使用。

13.4   本章小结

函数式编程是设计可并行软件时的程序组织方式，它的基本思想是函数的内层状态应改变调用它的代码的外层状态，或被外层状态改变。只要输入给定值，函数应永远返回相同的值。来自函数式编程的3个Python内置函数是map()、filter()和reduce()。利用列表推导式和生成器是创建值序列的Python特色方法。当在大规模值上迭代，或在不知道要在多少个数值上迭代时，推荐使用生成器。

13.5   问题

1. 下列代码的输出是什么？

```
a = 1
b = 2


def do_something(c):
    c = 3
    a = 4
    print(a)
    return c


b = do_something(b)
print(a + b)
```

2. 利用map()函数将字符串'omni'作为输入，并返回列表['oo','mm', 'nn', 'ii']。

3. sum()函数可求出列表元素的和，试利用这一函数和列表推导式，求出100以下的正奇数之和。

4. 编写生成器表达式，返回1000以下的立方数。

5. 斐波那契数列以0、1开头，后续每个数都是前两个数之和。试编写一个计算斐波那契数列的生成器函数。

第 **14** 章

面向对象编程

本章内容

❏ 连接状态和函数

❏ 类和对象

❏ 特殊函数

❏ 类的继承

面向对象方法是最常用的编程方法。这种方法试图将功能与数据结合起来，对对象及其关系建模。如果想在代码中对一辆车建模，面向对象方法会把执行加速、刹车等行为的方法，和汽油余量等数据结合在同一个对象中。而其他方法会将数据（如汽油余量）和函数定义分开，可能会将数据作为参数传递给函数。面向对象方法的一大优势，是其让复杂系统可被人类理解的能力。

14.1 将状态与函数编组

与函数式方法不同，面向对象编程方法将数据和功能结合在一起，形成对象。可以说，Python中的一切都是对象，就连基本类型也有方法和数据也不例外。例如，int对象并不只是一个值，它还有自己的方法。其中一个方法是to_bytes()，可将其值转换为二进制位表示：

```
my_num = 13
my_num.to_bytes(8, 'little')
b'\r\x00\x00\x00\x00\x00\x00\x00'
```

列表、字符串、字典、pandas数据框等更复杂的数据类型，也都将数据和功能结合了起来。在Python中，与对象结合的函数也称为方法。Python的面向对象能力很强大，可以使用外部库的对象，也可以自定义对象。

14.1.1 类与实例

对象由类定义，可以把类看作对象的模板。当将类实例化时，就得到了这个类的一个对象。创建基本类定义的语法如下：

```
class <class name>():
    <statement>
```

利用pass语句可定义一个什么都不做的简单类：

```
class DoNothing():
    pass
```

实例化一个类的语法如下：

```
<class name>()
```

因此，要想创建DoNothing类的示例do_nothing，可以这样实例化一个对象：

```
do_nothing = DoNothing()
```

可以查看对象的类型：

```
type(do_nothing)
__main__.DoNothing
```

可以看到这是一个由DoNothing类定义的新类型。也可以用内置isinstance()函数进行确认，这个函数可以检验一个对象是不是某个类的实例：

```
isinstance(do_nothing, DoNothing)
True
```

在类中定义方法的最常用方法，是在类的作用域内缩进，语法如下：

```
class <CLASS NAME>():
    def <FUNCTION NAME>():
        <STATEMENT>
```

函数的第一个参数就是调用它的实例，习惯上将其命名为self。下例定义了一个DoSomething类，其中有返回self的return_self()方法，然后代码创建了一个示例，并检验return_self()的返回值确实是实例本身。

```
class DoSomething():
    def return_self(self):
        return self


do_something = DoSomething()


do_something == do_something.return_self()
True
```

> **注意**
>
> 虽然需要将self作为方法定义的第一个参数，但调用该方法时不需要指定self的值，因为它会在后台被直接传入。

除了self参数之外，可以像定义其他函数一样定义方法。也可以在类的定义中使用self对象来创建或访问对象的变量，语法如下：

```
self.<VARIABLE NAME>
```

同理，类实例化而来的对象，也拥有自己的方法和属性：

```
class AddAttribute():
    def add_score(self):
        self.score = 14

add_attribute = AddAttribute()
add_attribute.add_score()

add_attribute.score
14
```

要想在一个方法中调用同一类的另一个方法，可以使用如下语法：

```
self.<METHOD NAME>
```

清单14.1展示了如何调用同一类中的另一个方法。

清单 **14.1**　调用内部方法

```
class InternalMethodCaller():
    def method_one(self):
        print('Calling method one')

    def method_two(self, n):
        print(f'Method two calling method one {n} times')
        for _ in range(n):
            self.method_one()

internal_method_caller = InternalMethodCaller()
internal_method_caller.method_one()
Calling method one

internal_method_caller.method_two(2)
Method two calling method one 2 times
Calling method one
Calling method one
```

14.1.2　私有方法和变量

任何人只要能访问一个对象，就能访问这个对象的方法和变量。目前看到的这些方法和变量都是公有的，因为它们表示的数据和功能都可以直接调用。有时在定义一个类时，需要定义一些不能直接使用的变量和方法，这些叫作私有属性，它们的实现细节可随着类的演变而变化。公有方法可以在内部使用私有属性。Python并没有防止访问私有属性的机制，但私有属性的名称通常以下划线开头，如下例所示：

```
class PrivatePublic():
```

```
def _private_method(self):
    print('private')

def public_method(self):
    # Call private
    self._private_method()
    # ... Do something else
```

14.1.3 类变量

利用语法self.<VARIABLE NAME>定义的变量称为实例变量，这些变量与类的具体示例有关，每个类的实例变量的值都可以有所不同。也可以将变量与类绑定，这些类变量会被这个类的所有实例共享。清单14.2展示了一个包含类变量和实例变量的类。这个类的两个实例共享了类变量，但实例变量的值不同。注意类变量不与实例对象self绑定。

清单 14.2　类变量和实例变量

```
class ClassyVariables():
    class_variable = 'Yellow'

    def __init__(self, color):
        self.instance_variable = color

red = ClassyVariables('Red')
blue = ClassyVariables('Blue')

red.instance_variable
'Red'

red.class_variable
'Yellow'

blue.class_variable
'Yellow'

blue.instance_variable
'Blue'
```

14.2　特殊方法

在Python中，一些特殊方法的名称被保留用于特定功能，其中就包括了运算符、容器功能以及对象初始化。其中最常用的就是__init__()方法，每当对象实例化就会被调用，常用于设置对象属性的初始值。清单14.3定义了一个类Initialized，其中__init__()方法要求一个额外的参数n。创建这个类的示例时，必须提供这个参数的值，这个值会赋给变量count。然后，这个变量就能被类的其他方法用self.count的形式访问，或者被实例化对象用<object>.<attribute>的语法访问。

清单 14.3 __init__方法

```
class Initialized():
    def __init__(self, n):
        self.count = n

    def increment_count(self):
        self.count += 1

initialized = Initialized(2)
initialized.count
2

initialized.increment_count()
initialized.count
3
```

14.2.1 表示方法

__repr__()和__str__()方法用于控制如何表示一个对象。__repr__()方法用于给出对象的技术性表示，理想情况下，这个方法应该给出重新创建该对象的必需信息。如果将这个对象作为语句使用时，就会看到这种表示。__str__()方法用于定义不太严格但人类可读的表示方法。这是将对象转换为字符串时的输出，在print()函数中会自动完成。清单14.4展示了__repr__()和__str__()的用法。

清单 14.4 __repr__和__str__

```
class Represented():
    def __init__(self, n):
        self.n = n

    def __repr__(self):
        return f'Represented({self.n})'

    def __str__(self):
        return 'Object demonstrating __str__ and __repr__'

represented = Represented(13)


represented
Represented(13)
```

```
r = eval(represented.__repr__())
type(r)
__main__.Represented

r.n
13

str(represented)
'Object demonstrating __str__ and __repr__'

print(represented)
Object demonstrating __str__ and __repr__
```

14.2.2 富比较方法

富比较方法用于定义使用Python内置运算符时的对象行为。清单14.5展示了如何针对多种比较运算符定义方法。CompareMe类使用score变量决定比较的结果，仅在必要时才比较time变量。

清单 14.5 比较方法

```
class CompareMe():
    def __init__(self, score, time):
        self.score = score
        self.time = time

    def __lt__(self, O):
        """ Less than"""
        print('called __lt__')
        if self.score == O.score:
            return self.time > O.time
        return self.score < O.score

    def __le__(self, O):
        """Less than or equal"""
        print('called __le__')
        return self.score <= O.score

    def __eq__(self, O):
        """Equal"""
        print('called __eq__')
        return (self.score, self.time) == (O.score, O.time)

    def __ne__(self, O):
```

```
        """Not Equal"""
        print('called __ne__')
        return (self.score, self.time) != (O.score, O.time)

    def __gt__(self, O):
        """Greater Than"""
        print('called __gt__')
        if self.score == O.score:
            return self.time < O.time
        return self.score > O.score

    def __ge__(self, O):
        """Greater Than or Equal"""
        print('called __ge__')
        return self.score >= O.score
```

清单14.6将CompareMe类用不同的值实例化，并检验一些比较运算结果。

清单 14.6　尝试运算符

```
high_score = CompareMe(100, 100)
mid_score = CompareMe(50, 50)
mid_score_1 = CompareMe(50, 50)
low_time = CompareMe(100, 25)

high_score > mid_score
called __gt__
True

high_score >= mid_score_1
called __ge__
True

high_score == low_time
called __eq__
False

mid_score == mid_score_1
called __eq__
True

low_time > high_score
called __gt__
True
```

也可以定义属性和对象之间的比较方法。清单14.7创建了一个类，可以直接比较score属性和另一个对象。其支持在一个对象和另一个可转换为int的类型之间进行比较（为简洁起见，清单只实现了小于和等于方法）。

清单 14.7　与对象进行比较

```
class ScoreMatters():
    def __init__(self, score):
        self.score = score

    def __lt__(self, O):
        return self.score < O

    def __eq__(self, O):
        return self.score == O

my_score = ScoreMatters(14)
my_score == 14.0
True


my_score < 15
True
```

不要在Python代码中定义可能引起混淆或者不合逻辑的比较，在定义时应该考虑到终端用户。例如，清单14.8定义了一个永远大于其他比较对象的类，甚至大于它本身。这可能会让使用该类的用户感到困惑。

清单 14.8　令人困惑的大类

```
class ImAllwaysBigger():
    def __gt__(self, O):
        return True

    def __ge__(self, O):
        return True


i_am_bigger = ImAllwaysBigger()
no_i_am_bigger = ImAllwaysBigger()


i_am_bigger > "Anything"
True


i_am_bigger > no_i_am_bigger
True
```

```
no_i_am_bigger > i_am_bigger
True


i_am_bigger > i_am_bigger
True
```

14.2.3　数学运算方法

　　Python中有一些数学运算的特别方法。清单14.9定义了一个实现+、−、*运算方法的类。这个类会根据它的.value变量返回新的对象。

清单 14.9　一些数学运算

```
class MathMe():
    def __init__(self, value):
        self.value = value

    def __add__(self, O):
        return MathMe(self.value + O.value)

    def __sub__(self, O):
        return MathMe(self.value - O.value)

    def __mul__(self, O):
        return MathMe(self.value * O.value)

m1 = MathMe(3)
m2 = MathMe(4)
m3 = m1 + m2

m3.value
7

m4 = m1 - m3
m4.value
-4

m5 = m1 * m3
m5.value
21
```

　　特殊方法还有很多，例如位运算方法、定义支持切片的类容器对象的方法等。

14.3 继承

面向对象编程中的最重要也最强大的概念之一就是继承。利用继承，可以使一个类作为父类，去声明其他的类。如果利用继承进行定义，子类就可以使用其父类的方法和变量。清单14.10定义了一个Person类，然后用它作为父类，定义了另一个子类Student。

清单 **14.10** 基本继承

```python
class Person():
    def __init__(self, first_name, last_name):
        self.first_name = first_name
        self.last_name = last_name


class Student(Person):
    def introduce_yourself(self):
        print(f'Hello, my name is {self.first_name}')

barb = Student('Barb', 'Shilala')
barb.first_name
'Barb'


barb.introduce_yourself()
Hello, my name is Barb
```

注意Student.introduce_yourself()方法使用了Person.first_name变量，就好像它是在Student类定义的一部分一样。如果查看这个实例的对象，会看到它是Student：

```python
type(barb)
__main__.Student
```

更重要的是，如果使用isinstance()函数，可以看到这个实例不仅是Student类的实例，同时也是Person类的实例：

```python
isinstance(barb, Student)
True


isinstance(barb, Person)
True
```

编写代码时，如果想要在不同类之间共享一些行为，继承就很有用了。例如，在实现工作调度系统时，可能希望每个工作都包含run()方法。不需要检验每种工作类型，只需要定义一个包含run()方法的父类，所有继承它的工作就都是它的实例，也就都会有run()方法，如清单14.11所示。

清单 **14.11** 检验基类

```python
class Job():
    def run(self):
```

```
        print("I'm running")
class ExtractJob(Job):
    def extract(self, data):
        print('Extracting')

class TransformJob(Job):
    def transform(self, data):
        print('Transforming')

job_1 = ExtractJob()
job_2 = TransformJob()
for job in [job_1, job_2]:
    if isinstance(job, Job):
        job.run()
I'm running
I'm running
```

　　如果子类定义了和父类同名的变量或方法，则子类的实例就会采用子类中的定义。例如，假设你定义了一个包含run()方法的父类：

```
class Parent():
    def run(self):
        print('I am a parent running carefully')
```

　　又定义了一个子类，在子类中重新定义了这个方法：

```
class Child(Parent):
    def run(self):
        print('I am a child running wild')
```

　　则子类的示例会采用子类的定义：

```
chile = Child()
chile.run()
I am a child running wild
```

　　有时显式调用父类的方法很有用。例如，人们常常在子类的__init__()方法中调用父类的__init__()方法。函数super()就可以访问父类及其属性。下例使用super()从子类student中调用person.__init__()：

```
class person():
    def __init__(self, first_name, last_name):
        self.first_name = first_name
        self.last_name = last_name

class student(person):
    def __init__(self, school_name, first_name, last_name):
        self.school_name = school_name
```

```
        super().__init__(first_name, last_name)
lydia = student('boxford', 'lydia', 'smith')
lydia.last_name
'smith'
```

继承并不限于一个父类,也不限于一层。一个类可以继承另一个类,而后者又可以继承其他类:

```
class A():
    pass

class B(A):
    pass

class C(B):
    pass

c = C()
isinstance(c, B)
True

isinstance(c, A)
True
```

一个类也可以继承多个父类:

```
class A():
    def a_method(self):
        print(A's method)

class B():
    def b_method(self):
        print(B's method)

class C(A, B):
    pass

c = C()
c.a_method()
A's method

c.b_method()
B's method
```

> **注意**
>
> 通常,如果可能的话,我不建议构建很复杂的继承关系。复杂继承会很难调试,因为需要跟踪不同变量和方法在整个继承树当中的关系。

> **注意**
>
> 　　关于面向对象编程已有许多著作，我建议在进入大型面向对象项目之前进行更深入的研究，以免落入不必要的陷阱。

14.4　本章小结

　　面向对象编程通过类的定义，将对象的数据与功能组合起来。特殊方法支持定义能利用Python的运算符的类，以及实现容器行为的类。一个类可以从其他类继承定义。

14.5　问题

　　1.在类的定义中，变量self表示什么？

　　2.特殊方法__init__()会在什么时候被调用？

　　3.给定下列类的定义：

```
class Confuzed():
    def __init__(self, n):
        self.n = n
    def __add__(self, O):
        return self.n - O
```

下列代码的输出是什么？

```
c = Confuzed(12)
c + 12
```

　　4.下列代码的输出是什么？

```
class A():
    def say_hello(self):
        print('Hello from A')

    def say_goodbye(self):
        print('Goodbye from A')

class B(A):
    def say_goodbye(self):
        print('Goodbye from B')

b = B()
b.say_hello()
b.say_goodbye()
```

第 **15** 章

其他主题

本章介绍的Python标准库组件是数据科学和通用Python中都很强大的工具。本章首先介绍几种数据排序的方法、如何使用上下文管理器读写文件，然后介绍表示时间的datetime对象。最后介绍搜索文本的正则表达式库。深入理解这些主题很重要，因为它们在生产编程中十分常用。熟悉本章后，便能随心所欲地使用它们了。

15.1 排序

列表、NumPy数组、pandas数据框等一些Python数据结构都有内置的排序功能。可以创新地使用这些数据结构，或用自己的排序函数进行定制。

列表

可以使用内置的sort()方法对Python列表排序，这是一种原位排序的方法。假设定义了如下表示鲸的种类的列表：

```
whales = [ 'Blue', 'Killer', 'Sperm', 'Humpback', 'Beluga', 'Bowhead' ]
```

可以参照如下代码使用这个列表的sort()方法：

```
whales.sort()
```

现在，这个列表已按照字母顺序排列：

```
whales
['Beluga', 'Blue', 'Bowhead', 'Humpback', 'Killer', 'Sperm']
```

这个方法不会返回列表的拷贝。如果获取其返回值，会看到它是None：

```
return_value = whales.sort()
```

```
print(return_value)
None
```

若要创建一个列表排序后的副本，则可以使用Python内置的sorted()函数。它会返回一个有序列表：

```
sorted(whales)
['Beluga', 'Blue', 'Bowhead', 'Humpback', 'Killer', 'Sperm']
```

可以对所有可迭代对象使用sorted()函数，包括列表、字符串、集合、元组、字典。无论可迭代对象的类型如何，这个函数都会返回一个有序列表。可以对字符串进行调用，它会将字符串中的字符排序后返回一个有序列表：

```
sorted("Moby Dick")
[' ', 'D', 'M', 'b', 'c', 'i', 'k', 'o', 'y']
```

list.sort()方法和sorted()函数都接受可选的reverse参数，其缺省值为False：

```
sorted(whales, reverse=True)
['Blue', 'Sperm', 'Beluga', 'Killer', 'Bowhead', 'Humpback']
```

list.sort()方法和sorted()函数都接受可选的key参数，它可以用于定义如何进行排序。例如，若要将鲸鱼按照字符串的长度排序，可以定义一个返回字符串长度的lambda函数，并将其作为key：

```
sorted(whales, key=lambda x: len(x))
['Blue', 'Sperm', 'Beluga', 'Killer', 'Bowhead', 'Humpback']
```

也可以定义更复杂的key函数。下例定义的函数返回字符串的长度，但当字符串为'Beluga'时会返回1。这意味着除了'Beluga'之外，对于所有长度大于1的字符串，key函数会按照字符串长度排序，而'Beluga'则会放在最前面。

```
def beluga_first(item):
    if item == 'Beluga':
        return 1
    return len(item)


sorted(whales, key=beluga_first)
['Beluga', 'Blue', 'Sperm', 'Killer', 'Bowhead', 'Humpback']
```

也可以对自己定义的类使用sorted()函数。清单15.1定义了Food类和它的4个实例，然后利用rating属性作为键，对实例进行排序。

清单 15.1 使用 lambda 函数为对象排序

```
class Food():
    def __init__(self, rating, name):
        self.rating = rating
        self.name = name

    def __repr__(self):
        return f'Food({self.rating}, {self.name})'
```

```
foods = [Food(3, 'Bannana'),
         Food(9, 'Orange'),
         Food(2, 'Tomato'),
         Food(1, 'Olive')]

foods
[Food(3, Bannana), Food(9, Orange), Food(2, Tomato), Food(1, Olive)]

sorted(foods, key=lambda x: x.rating)
[Food(1, Olive), Food(2, Tomato), Food(3, Bannana), Food(9, Orange)]
```

如果对字典调用sorted()函数，则会返回字典键名的有序列表。在Python 3.7中，字典的键会按照其插入字典的顺序排列。清单15.2根据Whale Facts网站的数据创建了鲸重量的字典，并输出字典的键，以说明键保留了它们插入字典的顺序。可以使用sorted()函数取得按字母顺序排列的键名列表，并按此顺序打印鲸的名称和重量。

清单 15.2　对字典的键排序

```
weights = {'Blue': 300000,
           'Killer': 12000,
           'Sperm': 100000,
           'Humpback': 78000,
           'Beluga': 3500,
           'Bowhead': 200000 }

for key in weights:
    print(key)
Blue
Killer
Sperm
Humpback
Beluga
Bowhead

sorted(weights)
['Beluga', 'Blue', 'Bowhead', 'Humpback', 'Killer', 'Sperm']

for key in sorted(weights):
    print(f'{key} {weights[key]}')
Beluga 3500
Blue 300000
Bowhead 200000
Humpback 78000
Killer 12000
```

Sperm 100000

pandas数据框也有排序方法sort_values()，其参数是排序依据的列名列表，如清单15.3所示。

清单 15.3 对 pandas 数据框排序

```python
import pandas as pd
data = {'first': ['Dan', 'Barb', 'Bob'],
        'last': ['Huerando', 'Pousin', 'Smith'],
        'score': [0, 143, 99]}

df = pd.DataFrame(data)
df
     first    last      score
0    Dan      Huerando    0
1    Bob      Pousin     143
2    Bob      Smith       99

df.sort_values(by=['last','first'])
     first    last      score
0    Bob      Pousin     143
1    Bob      Smith       99
2    Dan      Huerando     0
```

15.2 读写文件

本书前面提到，pandas可以直接将多种文件读取到数据框。有时，用户不希望使用pandas读写文件。Python有一个内置函数open()，给定路径就会返回打开文件对象。下例展示如何从根目录打开一个配置文件（也可以使用同样的文件路径）：

```
read_me = open('/Users/kbehrman/.vimrc')
read_me
<_io.TextIOWrapper name='/Users/kbehrman/.vimrc' mode='r' encoding='UTF-8'>
```

可以利用.readline()方法从文件对象中读取一行：

```
read_me.readline()
'set nocompatible\n'
```

文件对象会跟踪你在文件中的位置，之后再调用.readline()，以字符串的形式返回下一行：

```
read_me.readline()
'filetype off\n'
```

完成之后关闭对文件的连接很重要，否则可能会影响再次打开该文件。可以使用close()函数实现：

```
read_me.close()
```

上下文管理器

使用上下文管理器复合语句可以自动关闭文件。这种语句以with关键词开头，会在退出本地状态时关闭文件。下例使用上下文管理器打开一个文件并用readlines()方法读取内容：

```
with open('/Users/kbehrman/.vimrc') as open_file:
    data = open_file.readlines()

data[0]
'set nocompatible\n'
```

文件内容会被读取为字符串列表的形式，并赋予名为data的变量。退出这个上下文时，文件就自动关闭了。

在打开文件时，文件对象会默认为可读。也可以指定其他状态，例如二进制读('rb')、写('w')、二进制写（'wb'）。下例使用参数'w'写新文件：

```
text = 'My intriguing story'

with open('/Users/kbehrman/my_new_file.txt', 'w') as open_file:
    open_file.write(text)
```

可以参照下例用命令行验证这个文件的确被创建出来了：

```
!ls /Users/kbehrman
Applications    Downloads       Movies       Public
Desktop         Google Drive    Music        my_new_file.txt
Documents       Library         Pictures     sample.json
```

JSON是一种传输和存储数据的常用格式。Python标准库提供了解析转换JSON的模块，这个模块可以在JSON字符串和Python类型之间转换。下例展示了如何打开和读取JSON文件：

```
import json

with open('/Users/kbehrman/sample.json') as open_file:
    data = json.load(open_file)
```

15.3 datetime对象

随时间变化的数据称为时间序列数据，常用于数据科学问题中。使用这种数据时需要采用一种表示时间的方法。一种常用的方法是使用字符串。而如果想获得更多的功能性，例如简便地增减，或提取年、月、日等数值的能力，就需要更精巧的方法。datetime库提供了许多对时间建模的方法，并提供了操纵时间值的有用功能。datetime.datetime()类可表示毫秒级别的时刻。清单15.4展示了如何创建datetime对象并提取一些值。

清单 15.4 datetime 属性

```
from datetime import datetime
```

```
dt = datetime(2022, 10, 1, 13, 59, 33, 10000)
dt
datetime.datetime(2022, 10, 1, 13, 59, 33, 10000)

dt.year
2022

dt.month
10

dt.day
1

dt.hour
13

dt.minute
59

dt.second
33

dt.microsecond
10000
```

可以使用datetime.now()函数获取当前时间的对象：

```
datetime.now()
datetime.datetime(2021, 3, 7, 13, 25, 22, 984991)
```

可以用datetime.strptime()和datetime.strftime()函数在字符串和datetime对象之间互相转换。这些方法都依赖于那些规定如何处理字符串的格式代码。这些格式代码的定义可以在Python文档中找到。

清单15.5使用格式代码%Y表示4位年份，%m表示2位月份，%d表示2位日期，从字符串创建datetime。然后可以使用2位年份%y创建一个新的字符串版本。

清单 15.5　**datetime** 对象与字符串的互相转换

```
dt = datetime.strptime('1968-06-20', '%Y-%m-%d')
dt
datetime.datetime(1968, 6, 20, 0, 0)

dt.strftime('%m/%d/%y')
'06/20/68'
```

可以使用datetime.timedelta类，基于现有datetime对象创建新的对象：

```
from datetime import timedelta
delta = timedelta(days=3)

dt - delta
datetime.datetime(1968, 6, 17, 0, 0)
```

Python 3.9引入了一个新的zoneinfo包用于设置时区。利用这个包，就可以方便地设置datetime的时区：

```
from zoneinfo import ZoneInfo

dt = datetime(2032, 10, 14, 23, tzinfo=ZoneInfo("America/Jujuy"))
dt.tzname()
'-03'
```

> **注意**
> 在编写本书时，Colab基于Python 3.7运行，因此可能暂时不能使用zoneinfo。

datetime库也包含datetime.date类：

```
from datetime import date

date.today()
datetime.date(2021, 3, 7)
```

这个类与datetime.datetime类似，但只记录日期，而不记录具体时间。

15.4   正则表达式

本章要介绍的最后一个包是正则表达式库re。正则表达式（regex）提供了一种在文本中搜索的精妙语言。可以先用字符串定义搜索模式，再使用该模式搜索目标文本。其最简单的形式是：搜索模式就是要搜索的文本。下例定义了包含船长及其电子邮箱的文本，然后利用re.match()函数搜索。它会返回一个match对象：

```
captains = '''Ahab: ahab@pequod.com
            Peleg: peleg@pequod.com
            Ishmael: ishmael@pequod.com
            Herman: herman@acushnet.io
            Pollard: pollard@essex.me'''

import re
re.match("Ahab:", captains )
<re.Match object; span=(0, 5), match='Ahab:'>
```

可以在if语句中使用该匹配的结果，仅当匹配时才会运行代码块：

```
if re.match("Ahab:", captains ):
    print("We found Ahab")
We found Ahab
```

re.match()函数会从开头进行字符串匹配。如果想匹配源字符串靠后的子串，则无法匹配：

```
if re.match("Peleg", captains):
    print("We found Peleg")
else:
    print("No Peleg found!")
No Peleg found!
```

如果想搜索该文本包含的子字符串，就需要使用re.search()函数：

```
re.search("Peleg", captains)
<re.Match object; span=(22, 27), match='Peleg'>
```

15.4.1　字符集

字符集提供了定义更常见匹配的语法。字符集语法是用方括号包围的一组字符。要搜索首次出现的0或1，可以使用这样的字符集：

```
"[01]"
```

要搜索元音字母后跟标点符号的首次出现位置，可以使用这样的字符集：

```
"[aeiou][!,?.;]"
```

也可以使用横线在字符集中指定字符的范围。对于数字可以使用语法[0-9]，大写字母使用[A-Z]，小写字母使用[a-z]。可以在字符集后面跟上+来匹配一个或多个实例。也可以在字符集后面跟上一个带数字的花括号，表示其连续出现的次数。清单15.5展示了字符集的使用方式。

清单 15.6　字符集

```
re.search("[A-Z][a-z]", captains)
<re.Match object; span=(0, 2), match='Ah'>

re.search("[A-Za-z]+", captains)
<re.Match object; span=(0, 4), match='Ahab'>

re.search("[A-Za-z]{7}", captains)
<re.Match object; span=(46, 53), match='Ishmael'>

re.search("[a-z]+\@[a-z]+\.[a-z]+", captains)
<re.Match object; span=(6, 21), match='ahab@pequod.com'>
```

15.4.2　字符类

字符类是为简化匹配而提供了预定义字符组。可以在re库的技术文档中看到字符类的完整列表。常用的字符类包括数字字符（\d）、空格（\s）、文本字符（\w）。其中文本字符可以与用于文本的大小写字母、数字、下划线等匹配。

要搜索被文本字符包围的数字，可以使用"\w\d\w"：

```
re.search("\w\d\w", "His panic over Y2K was overwhelming.")
<re.Match object; span=(15, 18), match='Y2K'>
```

也可以使用+或花括号表示字符类的连续出现，方法与字符集相同：

```
re.search("\w+\@\w+\.\w+", captains)
<re.Match object; span=(6, 21), match='ahab@pequod.com'>
```

15.4.3　分组

用圆括号包围一个正则表达式模式，就是一个分组（group）。可以通过group()方法访问匹配对象的分组。分组具有编号，从第0组开始：

```
m = re.search("(\w+)\@(\w+)\.(\w+)", captains)

print(f'Group 0 is {m.group(0)}')
Group 0 is ahab@pequod.com

print(f'Group 1 is {m.group(1)}')
Group 1 is ahab

print(f'Group 2 is {m.group(2)}')
Group 2 is pequod

print(f'Group 3 is {m.group(3)}')
Group 3 is com
```

15.4.4　带名分组

相比数字而言，人们更常使用名称获取分组。定义带名分组的语法如下：

```
(?P<GROUP_NAME>PATTERN)
```

然后就可以用分组的名称获取分组：

```
m = re.search("(?P<name>\w+)\@(?P<SLD>\w+)\.(?P<TLD>\w+)", captains)

print(f'''
Email address: {m.group()}
Name: {m.group("name")}
Secondary level domain: {m.group("SLD")}
Top level Domain: {m.group("TLD")}''')
Email address: ahab@pequod.com
Name: ahab
Secondary level domain: pequod
Top level Domain: com
```

15.4.5 搜索所有匹配

上述方法都只会找到第一次匹配。可以使用re.findall()函数寻找所有匹配，函数会将每个匹配返回为一个字符串：

```
re.findall("\w+\@\w+\.\w+", captains)
['ahab@pequod.com',
 'peleg@pequod.com',
 'ishmael@pequod.com',
 'herman@acushnet.io',
 'pollard@essex.me']
```

如果定义了分组，则re.findall()会以字符串元组形成返回每个匹配，由元组的每个字符串开启分组的匹配：

```
re.findall("(?P<name>\w+)\@(?P<SLD>\w+)\.(?P<TLD>\w+)", captains)
[('ahab', 'pequod', 'com'),
 ('peleg', 'pequod', 'com'),
 ('ishmael', 'pequod', 'com'),
 ('herman', 'acushnet', 'io'),
 ('pollard', 'essex', 'me')]
```

15.4.6 搜索迭代器

可以使用re.finditer()在长文本中搜索所有匹配。这个函数会返回一个迭代器，它会在每次迭代时返回下一次匹配：

```
iterator = re.finditer("\w+\@\w+\.\w+", captains)

print(f"An {type(iterator)} object is returned by finditer" )
An <class 'callable_iterator'> object is returned by finditer

m = next(iterator)
f"""The first match, {m.group()} is processed
without processing the rest of the text"""
'The first match, ahab@pequod.com is processed
without processing the rest of the text'
```

15.4.7 替换

可以利用正则表达式在匹配时替换。re.sub()函数以匹配模式、替代字符串和源文本作为参数：

```
re.sub("\d", "#", "Your secret pin is 12345")
'Your secret pin is #####'
```

15.4.8 使用带名分组替换

可以用以下语法在替换时使用带名分组：

```
\g<GROUP_NAME>
```

若要将电子邮箱地址转换为顺序颠倒的另一种形式，可以使用如下的替换方法：

```
new_text = re.sub("(?P<name>\w+)\@(?P<SLD>\w+)\.(?P<TLD>\w+)",
                  "\g<TLD>.\g<SLD>.\g<name>", captains)


print(new_text)
Ahab: com.pequod.ahab
Peleg: com.pequod.peleg
Ishmael: com.pequod.ishmael
Herman: io.acushnet.herman
Pollard: me.essex.pollard
```

15.4.9　编译正则表达式

编译正则表达式有一定成本，如果需要多次使用同一正则表达式，提前一次性编译会比较高效。可以使用re.compile()函数实现，它会根据匹配模式返回一个编译后的正则表达式：

```
regex = re.compile("\w+: (?P<name>\w+)\@(?P<SLD>\w+)\.(?P<TLD>\w+)")
regex
re.compile(r'\w+: (?P<name>\w+)\@(?P<SLD>\w+)\.(?P<TLD>\w+)', re.UNICODE)
```

这个对象有许多映射到re函数的方法，例如match()、search()、findall()、finditer()、sub()等，如清单15.7所示。

清单 15.7　编译正则表达式

```
regex.match(captains)
<re.Match object; span=(0, 21), match='Ahab: ahab@pequod.com'>

regex.search(captains)
<re.Match object; span=(0, 21), match='Ahab: ahab@pequod.com'>

regex.findall(captains)
[('ahab', 'pequod', 'com'),
 ('peleg', 'pequod', 'com'),
 ('ishmael', 'pequod', 'com'),
 ('herman', 'acushnet', 'io'),
 ('pollard', 'essex', 'me')]

new_text = regex.sub("Ahoy \g<name>!", captains)
print(new_text)
Ahoy ahab!
Ahoy peleg!
Ahoy ishmael!
Ahoy herman!
Ahoy pollard!
```

15.5 本章小结

本章介绍了数据排序、文件对象、datetime库和re库。这些主题的基本知识对任何Python开发者都很重要。可以使用sorted()函数或列表等对象的sort()方法进行排序。可以使用open()函数打开文件，并在文件打开时进行读写。datetime库对时间建模，在处理时间序列数据时非常有用。最后，还可以使用re库定义复杂的文本内搜索。

15.6 问题

1. 在下例中，sorted_names的最终结果是什么？

```
names = ['Rolly', 'Polly', 'Molly']
sorted_names = names.sort()
```

2. 如何将列表nums = [0, 4, 3, 2, 5]按倒序排列？

3. 上下文管理器会对文件对象进行怎样的清理？

4. 如何利用下列变量创建一个datetime对象？

```
year = 2022
month = 10
day = 14
hour = 12
minute = 59
second = 11
microsecond = 100
```

5. 在正则表达式模式中，\d表示什么？

附录 **A**

章末问题答案

第 1 章

1. Jupyter笔记本。
2. 文本和代码。
3. 使用左侧导航栏中的Files（文件）选项组中的Mount Drive按钮。
4. Google Colab中的Python。

第 2 章

1. `int`
2. 会正常执行。
3. `raise LastParamError`
4. `print("Hello")`
5. `2**3`

第 3 章

1. `'a' in my_list`
2. `my_string.count('b')`
3. `my_list.append('a')`
4. 是
5. `range(3, 14)`

第 4 章

1. `dict(name='Smuah', height=62)`
   或
   `{'name':'Smuah', 'height':62}`
   或
   `dict([['name','Smuah'],['height',62]])`
2. `student['gpa'] = 4.0`

3. `data.get('settings')`

4. 可变对象的数据可以改变，而不可变对象的数据在创建后就不能改变。

5. `set("lost and lost again")`

第 5 章

1. `Biya []`

2. `Hiya Henry`

3.
```
for x in range(9):
    if x not in (3, 5, 7):
        print(x)
```

第 6 章

1. `'after-nighttime'`

2. `'before-nighttime'`

3. 错误信息。

4. `@standard_logging`

5.
```
a
b
1
```

第 7 章

1. Numpy数组只能包含一种数据类型，可进行逐元素运算，拥有矩阵数学运算方法。

2.
```
array([[1, 3],
       [2, 9]])
```

3.
```
array([[0, 1, 0],
       [4, 2, 9]])
```

4. `5, 2, 3`

5. `poly1d((6,2,5,1,-10))`

第 8 章

1. `stats.norm(loc=15)`

2. `nrm.rvs(25)`

3. `scipy.special`

4. `std()`

第 9 章

1.
```
df = pd.DataFrame({'Sample Size(mg)':[ 0.24, 2.34, 0.0234 ],
                   '%P':              [40, 34, 12 ],
                   '%Q':              [60, 66, 88 ]})
```

或

```
df = pd.DataFrame([[ 0.24, 40, 60 ],
                   [ 2.34, 34, 66],
                   [0.0234, 12, 88 ]],
                  columns=[ 'Sample Size(mg) ', '%P', '%Q' ])
```
2. `df['Total Q'] = df['%Q']/df['Sample Size(mg)']`

   或

   `df['Total Q'] = df.loc[:,'%Q']/df.loc[:,'Sample Size(mg)']`

   或

   `df['Total Q'] = df.iloc[:,2]/df.iloc[:,0]`
3. `df.loc[:, ['%P', '%Q']] / 100`

第 10 章

1. `plt.plot(data['X'], data['Y']`
2. `plt.plot(data['X'], data['Y'])`
3. ```
   fig, (ax1, ax2) = plt.subplots(1, 2)
   ax1.plot(data['X'], data['Y'])
   ax2.plot(data['X'], data['Y1'])
   fig.show()
   ```
   或
   ```
   fig, (ax1, ax2) = plt.subplots(1, 2)
   ax1.plot('X','Y', data=data)
   ax2.plot('X','Y1', data=data)
   fig.show()
   ```
4. 略。

第 11 章

1. 转换数据。
2. 避免过拟合。
3. 检验模型的准确度。

第 12 章

1. ```
   gutenberg.words('austen-emma.txt')
   gutenberg.sents('austen-emma.txt')
   gutenberg.paras('austen-emma.txt')
   ```
2. ```
   alice = gutenberg.words('carroll-alice.txt')
   alice['Alice']
   ```
   ```

3.
```
alice = gutenberg.words('carroll-alice.txt')
alice_r = []
for word in alice_w:
    if word not in string.punctuation:
        if word.lower() not in english_stopwords:
            alice_r.append(word)
alice_dist = nltk.FreqDist(alice_r)
alice_dist.tabulate(10)
```

4.
```
alice = Text(gutenberg.words('carroll-alice.txt'))
alice.similar('rabbit')
```

5.
```
nltk.download('names')
names = nltk.corpus.names
all_names = names.words('male.txt')
all_names.extend( names.words('female.txt') )
hamlet_w = gutenberg.words('shakespeare-hamlet.txt')
hamlet_names = []
for word in hamlet_w:
    if word in all_names:
        hamlet_names.append(word)
hamlet_dist = nltk.FreqDist(hamlet_names)
hamlet_dist.most_common(5)
```

第 13 章

1.
```
4
4
```

2.
```
list(map(lambda x: f'{x}'*2, 'omni'))
```
或
```
list(map(lambda x: f'{x}{x}', 'omni'))
```

3.
```
sum([x for x in range(100, 2)])
```

4.
```
(x**2 for x in range(1000))
```

5.
```
def fib():
    f0 = 0
    f1 = 1
    while True:
        yield f0
        f0, f1 = f1, f0 + f1
```

第 14 章

1. 类的当前实例。

2. 当对象实例化时。

3. 0

4. Hello from A

   Goodbye from B

第 15 章

1. None
2. nums.sort(reverse=True)
3. 关闭文件对象。
4. datetime(year, month, day, hour, minute, second, microsecond)
5. 一个数字。

附录 B

图片版权

表B.1列出了本书中部分图片的版权。

表B.1

图片	版权归属
封面	Boris Znaev/Shutterstock
封面	Mark.G/Shutterstock
图 1.1	Colab 对话框截图 © 2021 Google
图 1.2	重命名笔记本截图 © 2021 Google
图 1.3	Google Drive 网盘截图 © 2021 Google
图 1.4	编辑文本单元截图 © 2021 Google
图 1.5	格式化文本截图 © 2021 Google
图 1.6	列表截图 © 2021 Google
图 1.7	标题截图 © 2021 Google
图 1.8	目录截图 © 2021 Google
图 1.9	隐藏单元截图 © 2021 Google
图 1.10	LaTeX 示例截图 © 2021 Google
图 1.11	文件示例截图 © 2021 Google
图 1.12	上传文件截图 © 2021 Google
图 1.13	挂载 Google Drive 网盘截图 © 2021 Google
图 1.14	代码片段截图 © 2021 Google